军事信息系统数据共享技术

陈 巍 朱 江 主 编
王加玲 王玉华 印 曦 副主编

電子工業出版社·

Publishing House of Electronics Industry

北京·BEIJING

内 容 简 介

本书涵盖军事信息系统的基本概念，军事信息系统数据共享的基本原理、理论模型、实施方法和实践案例等研究成果，可供军事信息理论和系统研发人员借鉴，也可作为军事信息、指挥控制及相关专业军事人员、研究人员和师生的参考书。

图书在版编目（CIP）数据

军事信息系统数据共享技术 / 陈巍等主编 . -- 北京：电子工业出版社，2025. 4. -- ISBN 978-7-121-50147-0

Ⅰ. E919

中国国家版本馆 CIP 数据核字第 2025YD5579 号

责任编辑：张正梅

印　　刷：三河市良远印务有限公司

装　　订：三河市良远印务有限公司

出版发行：电子工业出版社

　　　　　北京市海淀区万寿路 173 信箱　邮编　100036

开　　本：720×1 000　1/16　印张：12　字数：242 千字

版　　次：2025 年 4 月第 1 版

印　　次：2025 年 4 月第 1 次印刷

定　　价：98.00 元

凡所购买电子工业出版社图书有缺损问题，请向购买书店调换。若书店售缺，请与本社发行部联系，联系及邮购电话：(010)88254888，88258888。

质量投诉请发邮件至 zlts@phei.com.cn，盗版侵权举报请发邮件至 dbqq@phei.com.cn。

本书咨询联系方式：zhangzm@phei.com.cn。

前　言

在当今这个信息爆炸的时代，数据已经成为新的"石油"，是推动社会进步和经济发展的重要资源。随着互联网、物联网及云计算等技术的飞速发展，各行各业都在不断产生、处理和存储海量的数据。这些数据的价值不仅仅在于其自身，更在于通过共享的方式得到充分利用，以实现信息价值的最大化。军事领域也不例外。军事信息系统的数据共享作为连接数据孤岛、打破信息壁垒的桥梁，正日益显示出它的重要性和紧迫性。在信息化、智能化战争条件下，军事信息系统数据的快速便捷共享是实现作战能力倍增的重要支撑，并将在未来新型作战样式和电子对抗中发挥越来越大的作用。但客观而言，当前军事信息系统的数据共享理念与信息化条件下部队实战化信息组织规律和要求并不相适应。原有体系中虽基本完成了手工作业的电子化，但没有对信息进行更多的处理，系统之间信息交流设计、计算机辅助计算、信息多维展示及支撑应用和能力生成等方面功能较弱，无法按照人机结合的理念设计作战过程，无法按照标准化、专业化、精确化、数据化的要求完成作战过程，因此急需研究一套全面的数据共享理论和方法来指引与促进军事信息系统的快速发展。

本书旨在全面介绍军事信息系统数据共享的理论基础、关键技术和实际应用。本书从军事信息系统的本质特征出发，全面分析数据共享的内涵与特点、层次划分和技术特征；分析数据在不同层级、不同军兵种、不同规模、不同领域的军事信息系统中所起的作用；研究数据共享的手段机制、方法技术。本书还介绍了数据共享在军事信息系统中的应用，论述了军事信息系统的架构、空间数据集成模型、基于发布/订阅的军事信息系统信息按需获取方法、服务化信息处理功能与流程集成方法，深入探讨了数据共享的模式、标准、架构及安全等核心问题，同时结合实际系统，分析数据共享在军事信息系统中的应用，以及数据共享对军事信息系统能力的贡献和效应。

　　本书不仅系统地介绍了数据共享的核心概念、基础理论，还深入地解析了军事信息系统的架构设计和技术运用，其内容丰富，层次分明，方法科学，对于丰富和发展作战指挥理论、提高我军数据共享能力、加快转变战斗力生成模式，以及推进基于军事信息系统的体系作战能力建设，均具有十分重要的理论意义和现实指导价值。

　　限于作者水平，书中难免有疏漏和不妥之处，敬请读者批评批正。

作　者
2024 年 8 月

目 录

....

第 1 章

概述

●●●●●●●●

信息技术的发展使战争形态发生了巨大的变化，随着信息时代战争形态和战争环境的变化，信息化建设成为军队现代化建设的主要发展方向。特别是自海湾战争以来，信息化战争正式登上人类历史的舞台，以信息化为核心的新军事变革浪潮席卷全球，夺取信息优势成为各国军队竞相追求的目标。运用信息技术，融合多种信息资源，建设满足信息化战争需要的军事信息系统，已成为世界各国军队信息化建设的当务之急。通过军事信息系统的建设，提高信息能力，获取信息优势，夺取制信息权，已经成为打赢信息化战争的首要条件。

本章将介绍信息的定义、特征，分析信息在战争中的作用，介绍信息系统的定义和功能。在此基础上介绍军事信息系统的定义、发展阶段、功能等。

1.1 战争中的信息

1.1.1 信息的定义

人类的生产、生活时时刻刻都依赖信息。人类对信息的认识是一个不断发展进化的过程，包含对信息进行感知、传递、处理和利用。在战争领域，从古至今，信息一直是军事冲突和战争中的核心资源，信息的重要性及其在战争中的决定性作用已经被无数次战争所证明。

目前关于信息（Information）没有权威而准确的定义，一般认为信息是关于客观事实的可通信的知识。这个定义可以从3个方面来理解：第一，信息反映的是客观世界各种事物的特征；第二，信息是可以传递和共享的，它是客观事物联系的基本方式之一；第三，信息与人类认知能力相结合，可以形成知识。信息不等于数据。数据是记录客观事物的可鉴别的符号，需要经过处理和解释才能成为有意义的信息。信息是经过加工的、对客观世界产生影响的数据。数据是对原始事实的描述，是可以通过多种形式记录在某种介质上的数字、字母、图形、图像和声音等。单纯的数据并无意义，只有当通过一定的规则和关系将数据组织起来，表达现实世界中事物的特征时，数据才会成为有意义、有价值的信息。

一般认为，克劳德·艾尔伍德·香农开创了信息论的先河。香农的信息论提供了一种具有广泛性、渗透性和实用性的科学方法——信息方法。所谓信息方法，就是运用信息的观点，把对象抽象为一个信息变换系统，从信息的获取、传递、处理、输出、应用、反馈的过程来研究对象的运动过程。它是从信息系统的活动中揭示对象运动规律的一种科学方法。这种方法被广泛地应用于社会各个领域，促进了社会信息化，加速了信息社会的来临。然而，随着信息理论的迅猛发展和信息概念的不断深化，信息的内容早已超越了狭义的通信范畴。信息作为科学术语，在不同的学科领域具有不同的含义。在管理领域，人们认为信息是提供决策的有效数据；在控制论领域，人们认为"信息是信息，既不是物质，也不是能量"；在通信领域，人们认为信息是事物运动状态或存在方式的不确定描述；在数学领域，人们认为信息是概率论的扩展，是负熵；在哲学领域，人们认为信息就是事物的运动状态和方式。

随着科学技术的进步和人类认识水平的提高，信息的概念正在不断地深化与发展，并且以其不断扩展的内涵和外延渗透到人类社会与科学技术的诸多领域，衍生出许多新的样式与内容。

作为事物自我表征性的信息，是一种非物质的存在，具有物质的部分特征。虽然它不能离开物质而单独存在，但它既不是物质本身，也不是能量，具有相对独立性，这使它可以被传递、复制、存储、加工和扩散，并且具有无限共享性。只要保证无干扰和全部传递，共享的信息就是完全等同的，不会因为被共享而使原来的占有者损失信息。这种共享性使信息成为军事作战中的重要组成部分，使军事信息系统成为信息化战争中的重要基础设施。

1.1.2　信息的主要特征

从信息的存在形式来看，信息具有三大要素：信源、信宿和信道。信源，又称信息源，是信息的发源地，或者说是信息的出处。信源大体分为三大类：①来自自然界的信息，包括天体、地理、生物等方面的信息；②来自社会的信息，包括人类社会的生产、经济、军事等方面的动态与情报；③他人的知识，包括古今中外流传下来的知识及专家学者的经验。信宿，即信息的归宿，是信息接收者对信息综合收集、正确理解、加工处理和正确使用的总称，它决定了信息的价值。信道，即传递信息的通道，是信源与信宿之间联系的纽带。信道可分为自然信道、人体的本能信道和技术信道。空气、风、水等是自然信道；人体的四肢、五官等器官是本能信道；无线电通信、计算机网络等是技术信道。

虽然从不同的角度理解，信息具有不同的含义，但其特征具有共性。总体而言，信息主要具有存储性、传输性、可识别性、共享性、可伪性、时效性、价值相对性及资源的不竭性等特征。

1. 信息的存储性

信息必须借助文字、图像、声波、电波、光波等物质形式存在或表现。用来存储信息的物质称为信息载体，信息不能离开载体而独立存在。文字、电波和磁盘都是信息载体，人的大脑是最复杂的信息载体。

2. 信息的传输性

信息的传输性也称信息的传递性或传播性，其含义是信息源可以通过载体把信息传递给接收者。由于信息的传递需要时间，所以接收者获取的信息总是滞后于信息源。信息传输的载体和手段决定了信息传输的速度与效率。信息的传输手段与信息传输载体的性质和采用的传输技术有关。利用现代信息传输技术可以在数秒内将一份信息传遍全世界。

3. 信息的可识别性

信息可以通过某种媒介，以某种方式被人类所感知，进而使人类掌握信息所反映的客观事物的状态和运动方式，这就是信息的可识别性。目前，人类能够接收和使用的信息只是无限丰富信息中的一部分，还有许多信息尚未被人们所认识，但这并不是说这些信息不可识别，只是受科学技术水平所限，人类尚未了解承载这些信息的媒介和方式。

随着科学技术的发展，人类感知信息的手段和能力不断提升，获取的信息也将越来越多。例如，人类凭借肉眼通过明暗或颜色区分不同的物体，靠的是物体反射或辐射的可见光。地球上的大多数物体是不发光的，所以到了晚上，人类就看不清东西了，于是就会减少活动。后来人类发明了热成像仪，它能够获取物体辐射的红外射线，并将其转换成可见光图像。所有的物体每时每刻都在辐射红外线。人类借助热成像仪，就能在黑暗中看到各种物体，在必要的情况下可以增加晚上的活动。

4. 信息的共享性

信息可以由一个信息源到达多个接收者，被多个接收者共享。信息不仅能在这个过程中保持低损耗甚至无损耗，而且可以因交流而使其内容倍增，这就是信息的共享性。共享性是信息的独特特点。一个物体只能被一个享用者占有，但信息可以被多个接收者享用且不受任何影响。信息的共享性可使信息通过多种渠道和传输手段加以扩展，获得广泛利用。现代通信和计算机技术最大限度地实现了信息的共享。信息的共享性突出表现在两个方面：①信息脱离所反映的事物而独立存在并附于其他载体之上，而载体在空间上的位移使信息能够在不同空间和不同对象之间进行传递；②信息不像水、石油、货币这些物质遵循守恒原则（总量固定，与他人共享必然带来损耗甚至丧失），它可以被大量复制、广泛传递。

5. 信息的可伪性

信息能够被人类主观地加工、改造，进而产生畸变。同时，通过一定的方式和手段，人类也可以对信息产生失真甚至错误的理解与认识。这就是信息的可伪性。信息具备可伪性的原因在于信息不是事物本身，如果人们主观、片面地理解信息，或者根据自己的意图，有意或无意地对信息的内容及负载信息的载体施加影响，就有可能使信息无法真实反映事物本身及其运动状态的原貌。

6. 信息的时效性

信息的时效性是指信息的作用和价值与信息产生、传输及提供的时间有关。信息的利用肯定滞后于信息的产生，但必须有一定的时限，超过了这个时限，信息的利用价值就会削弱或丧失。信息只有被及时传递和有效利用，才能实现其价值。信息价值的时效周期一般分为 4 个阶段，即升值期、峰值期、减值期和负值期。信息在不同的阶段具有不同的价值，这也是信息时效性的体现。

7. 信息的价值相对性

信息的价值相对性是指同样的信息对于不同的人具有不同的价值。这是因为信息的价值与信息接收者的观察能力、想象力、思维能力、注意力和记忆力等智力因素密切相关，同时依赖信息接收者的知识结构和知识水平。

8. 信息资源的不竭性

从整体上说，信息资源不会枯竭。人类所处的一切领域随时都在产生信息。物质世界是无限的，人类对物质世界的认识也是无限的，因此信息资源也是无限的。从另一个角度来看，人类的创造力是无限的，因此描述和反映人类所创造的事物的信息也是无限的。

1.1.3　信息在战争中的作用

信息在战争中的作用主要通过信息优势原理体现出来。在 1991 年爆发的海湾战争中，以美军为首的"多国部队"对伊拉克的作战是战争信息优势原理的典型表现。自海湾战争以来，军事分析家和未来学家普遍认为，军事冲突已经实现了从大规模物理破坏向精确破坏乃至无物理破坏的重大转变，这一转变将冲突的核心资源从物理武器转变为抽象信息的把握及处理能力，它可以从信息层面对战争进行控制与驾驭。俄乌冲突进一步显示了信息对冲突双方的影响：信息优势是保持对对手的战略优势的关键。

信息化战争的目的是通过信息计划与相应的军事力量的有效运用，取得制信息权，达到最终的军事目标。英国皇家空军副元帅约翰尼·斯金格认为，信息优势是"比对手更好、更快、更深入地理解信息，然后做出更好的决定的能力"。美国陆军网络司令部认为，信息优势就是比对手更快、更有效地收集、理解和响应信息。我国有研究者认为，信息优势是指我方具有不受干扰地获取、处理、分发和利用信息流的能力，同时能够利用或剥夺敌人的类似能力。总之，信息优势是对信息控制程度的一种描述，获得信息优势的一方在军事行动中能对信息进行有效的控制。

在现代信息化、智能化战争中，作战方通过夺取信息优势，获得决策优势和行动优势，从而实现战场优势，奠定胜利的基础。夺取信息优势的主要手段有以下几个。

（1）集信息获取、传输、处理和利用等各种技术之大成的电子信息系统、指挥信息系统和综合信息系统等，为武装力量构造了"神经中枢"。这是获取现代战争信息优势的重要核心，也是现代战争获胜的前提条件。随着技术的进步和军事需求的变化，军事信息系统不断发展和完善，其内涵逐步扩展，功能不断增强，系统名称也不断变化。早在 20 世纪 50 年代，美国就建成了世界上第一个"指挥与控制"（C2）系统。20 世纪 60 年代，随着远程武器特别是战略导弹和战略轰炸机大量装备部队，通信手段在系统中的作用日益凸显，于是形成了"指挥控制与通信"（C3）系统。20 世纪 70 年代，美国将情报作为指挥自动化不可缺少的因素，形成了"指挥控制通信与情报"（C3I）系统。到了 20 世纪 80 年代，又加上"计算机"一词，形成了"指挥控制通信计算机与情报"（C4I）系统。海湾战争后，军事信息系统进一步增加了监视与侦察功能，演变为 C4ISR 系统。当前，美国正在着力构建全球一体化的综合电子信息系统。进入 21 世纪以来，世界各军事强国都把用来获取信息优势的电子信息系统建设摆在重要位置，作为发展信息化、智能化武器装备体系的"龙头"。从各国情况来看，为取得信息优势，各种电子信息系统主要有3种发展新趋势：一是继续大幅提升信息获取、处理和使用能力；二是实现一体化无缝连接，在全球任何地方都能获得全方位的信息支援；三是提高生存能力，不断提高抗干扰和抗毁伤能力。

（2）以电磁干扰、压制和网络对抗为核心打击敌方信息系统，成为夺取信息优势的重要基础。感知攻击可以对敌方的传感器和数据链进行打击以摧毁或破坏其指挥能力，保持己方对战斗行动、各自部署及状况的准确感知。

（3）信息化作战平台和精确制导打击武器成为将信息优势转化为战场优势进而克敌制胜的关键。信息化作战平台集成了光电、新材料、新能源等众多高新技术，具有很高的信息化、智能化水平和综合作战能力。自20世纪70年代以来，美国等西方军事大国开始将信息技术广泛应用于新型高性能武器装备的研制，因此出现了种类繁多的信息化作战平台，如美军的M2系列步兵战车、"宙斯盾"驱逐舰、F-22"猛禽"战斗机等。这些信息化作战平台安装有多种信息传感设备和通信器材，可与C4ISR系统联网，具有很强的探测、识别、打击、机动、定位和突防等综合能力。未来的信息化作战平台将配有更多通信设备和探测设备，并具有强大的计算机联网能力，能够与上级和友邻互通作战信息，为精确的火力打击提供目标信息，为作战行动提供及时而有效的辅助信息。为了将信息优势转化为战场优势，世界各军事强国目前都在发展精确制导打击武器。精确制导打击武器呈现出如下新特点：一是精度高，精确制导打击武器采用新型制导技术，其命中精度将大幅提高，打击效果也将同步提高；二是射程远，各种防区外发射的新型精确制导打击武器具备远程、超远程精确打击能力，将成为发展重点；三是隐形化，精确制导打击武器除采用超高速飞行、改变弹道轨迹、实现末端弹道机动等措施提高突防能力外，还将广泛采用隐形技术，实现隐形化。

在作战过程中，信息优势主要体现在主导机动能力、精确交战能力、集中后勤能力和全维防护能力上。主导机动能力是指通过获取优势信息，灵活组织高度机动的武器系统，在整个作战空间内快速高效地打击敌人重心，并通过信息网络集中原本分散的军事力量，实现同步、持续的打击；精确交战能力是指通过接近实时的目标信息，使指挥与控制系统的反应更加精确，使部队在空间和时间上具有精确打击与再次打击能力；集中后勤能力是指通过获取信息优势，优化后勤程序，在整个作战空间中有效地保障后勤物资供给；全维防护能力是指在进行兵力部署、机动和交战过程中所做的作战防护，通过信息优势提供连续的威胁预警，使部队能够自由地实施攻击行动。

信息优势必然会为更好地运用军事力量创造有利条件。信息优势是军事行动的前提条件。军队凭借信息优势获得决策优势和行动优势，从而实现战场优势，为战争胜利奠定基础。以获得信息优势为目标的军事信息系统是现代信息化、智能化作战能力提升的"倍增器"。

1.2　信息系统

1.2.1　系统的定义

系统的英文名称是 System，来自拉丁文 systēma，源自希腊语 σύστημα，意为由几个部分或成员组成的整体。由于研究领域、研究目的和研究方式等不同，系统有多种不同的定义，下面列述一些典型的定义。

我国《辞海》把系统定义为自成体系的组织；相同或相类的事物按一定的秩序和内部联系组合而成具有某种特性或功能的整体。《中国大百科全书·自动控制与系统工程》把系统解释为由相互制约、相互作用的一些部分组成的具有某些功能的有机整体。

《新韦氏国际词典》把系统定义为：①通常是体现各种不同要素的复杂统一体，它具有总体计划或旨在达到总体目的；②由持续相互作用或相互依赖连接在一起的客体汇集或结合而成的整体；③有秩序地活动着的整体、总体。

《牛津英语字典》对系统的定义是：①一组相互连接、相互聚集或相互依赖的事物构成的一个复杂的统一体；②由一些组成部分根据某些方案或计划有序排列而成的整体。

路德维希·冯·贝塔朗菲是发展一般系统论的先驱，他把系统定义为相互联系、相互作用的诸要素的综合体。1945 年，他引入了用于讨论广义系统或其子类的模型和法则，而不纠结于其特定种类、性质、组成要素之间的关系或相互作用等细节。诺伯特·维纳和罗斯·艾希比应用数学方法对系统的定义做出了重大贡献。我国系统学科创始人钱学森给系统下的定义是"由相互作用和相互依赖结合而成的具有特定功能的有机整体，而且这个有机整体又是它从属的更大系统的组成部分"。

以上各个系统的定义具有一些共性：系统由许多要素组成；各要素之间、要素与整体之间及整体与外部环境之间存在有机联系；整个系统具有不同于要素功能的整体功能。一般而言，系统具有下列几个属性。

（1）集合性。系统是由不同的要素（系统的组成部分）结合而成的，这些要素可能是元件、零件、单台机器，也可能是个人、组织机构，还可能是子系统

（分系统）。系统越复杂，组成要素或组成部分的数量和种类越多。系统的这一属性可称为集合性。系统与要素之间是相互依存、互为条件的关系，而且它们相互作用。各种要素在系统中的地位和作用不尽相同，要素数量特别多的复杂系统更是如此。

（2）关联性。系统的各个组成部分是按照一定的方式和关系组合起来的，各个组成部分之间有一定的关联。系统的这一属性称为关联性。需要说明的是，要素间的关联性只是根据某种性质来说的。

（3）涌现性。任何系统都有特定的功能，而由人建造或改造的系统总有一定的目的。这里所说的系统功能和目的，是系统整体的功能和目的，是原来各组成部分不具备或不完全具备的，是在系统形成后才具备的。有时也把这种功能称为系统的整体性。

（4）层次性。一般来说，系统是由一些子系统（分系统）构成的，而系统本身可能又是更大系统的一个子系统，也就是说，系统具有层次结构。这种属性在技术设备、社会生活中都是常见的。系统的层次是自然界和人类社会在从简单到复杂、从低级到高级的发展、进化过程中产生的，低层次是高层次发展的基础，而高层次又带动低层次的发展，高层次往往具备低层次不具备的性质。层次结构有助于人们认识系统，通常宏观和微观代表两个不同的层次。

（5）环境适应性。任何系统都存在于一定的环境中，系统的存在和发展都必须适应客观环境。系统的这一属性可称为环境适应性。在研究系统时，要区分哪些是内部要素，哪些是外部环境要素，从而得出系统的边界。系统和外部环境要素的关联决定了系统如何适应环境。系统和环境之间总有物质、能量或信息的交换，输入是环境送入系统的物质、能量或信息，输出是系统送入环境的物质、能量或信息。

从上述系统的定义和属性来看，系统具有整体性与涌现性，并且它们是交织相连、密不可分的。系统形成整体后，产生或涌现了系统功能或性能，而这些功能或性能在系统形成整体前并没有。因此，系统的涌现性具有下列特征。

（1）系统涌现出来的是各个要素所形成的一种特定的功能模式，这种模式既提供了新功能，也改变或约束了各个要素的行为。

（2）系统涌现的整体功能常常是不可预测的。有一些功能是人们预计到并且希望涌现的，而有些新功能是出人意料的。

（3）涌现具有某种意义上的不可还原性。

随着人类社会的不断进步、人们认识的不断深入及技术的不断发展，人们提出了复杂系统（Complex System）这概念，它由大量要素按照极其复杂的关系连接在一起，其中出现了很多意想不到的特征和属性，如多样性、整体性、开放性、非线性、动态演化性、不确定性、自组织性等。复杂系统产生了诸如规模效应、结构效应、交互效应等的整体涌现性。复杂系统涌现性的 3 个判据如下。

（1）整体涌现性不是组成部分特征之和。

（2）涌现的各类特征完全不同于组成部分的各类特征。

（3）不能通过单独考察组成部分的行为推导或预测涌现性。

随着信息技术、通信技术和智能技术的不断发展，人们从更加宏观的视角来认识和改造世界，提出了复杂巨系统（组成系统的要素数量大、种类多，要素间的关系复杂，并有多种层次结构）和智能型复杂自适应系统（具有智能自适应能力的复杂系统）这两个概念。钱学森通过总结实践经验提出并定义了开放复杂巨系统。

开放复杂巨系统和智能型复杂自适应系统在以下 3 个方面不同于复杂系统：一是"变化"；二是"复杂"；三是"不确定"。造成这种情况的原因有以下 5 个。

（1）连接。各个部分的连接日益增多，连接方式也越来越多样化。技术的发展不但为数据、信息、知识的流转提供了手段，而且为不同部分之间的协作提供了便利。各种关系的不断增加，使系统的复杂性不断增加。

（2）数据、信息和知识。目前，系统面临的是海量的、变化迅速的数据、信息和知识，对它们进行识别、验证和解释是极为困难的。

（3）速度。系统的流转速度越来越快，信息传播和检索的速度越来越快，通过虚拟协作产生新信息和知识更新的速度也越来越快。速度的提高使决策时间缩短，要求人们更快地决策。决策时间缩短又会对信息的落实程度产生影响，从而增加了系统决策的难度。

（4）接入。在前面 3 个因素的影响下，产生了接入因素和环境边界因素，这反映在 3 个方面：一是如何识别信息的语境（背景），把从不同方面收集的信息组合起来以便提取知识；二是竞争问题，即如何应对外部环境的不断变化和边界的不断调整；三是怎样通过信息知识的获取提高系统生存能力。

（5）数字化。计算机与通信技术的有机结合形成的数字化和数据汇集，扩大了系统的边界，促进了系统组织和规则的重构。

要处理越来越复杂和具有不确定性的内外部环境，需要从更高的层次和更宏观的视角来认识与改造世界，体系和体系工程的概念应运而生。

1.2.2　信息领域重点关注的系统特征

系统科学是一门新兴的综合性、交叉性学科，主要研究系统的结构与功能关系、演化和调控规律。系统科学以不同领域的复杂系统为研究对象，从整体的角度探讨复杂系统的性质和演化规律，目的是揭示各种系统的共性及系统演化过程中所遵循的共同规律，开发优化和调控系统的方法，从而为系统科学在社会、经济、资源、环境、军事、生物等领域的应用提供理论依据。由于系统涵盖的领域范围很广、种类众多、目的与重点各异等，对于不同领域、不同类型的系统，相关基础问题研究的重点有所不同，大多数对系统本质特性和内在规律的研究主要集中在系统的复杂性、涌现性、演化性及隐秩序等方面。以下介绍系统的前3个特征。

1. 系统的复杂性

可以说，系统复杂性的基础研究一直伴随着系统及系统工程的研究，从贝塔朗菲的"我们被迫在一切知识领域运用'整体'和'系统'的概念来处理复杂性问题"，到约翰·霍兰的"适应性造就复杂性"，再到钱学森的"从定性到定量的综合集成"，都是对系统复杂性的研究。目前，人们在系统复杂性的研究方面取得了巨大的成就，模糊数学、粗糙集理论、协同学、耗散结构理论、灰色理论、定性与定量综合集成都是分析具体系统复杂性的有效理论方法。郭雷认为，关于系统复杂性的基础研究及其存在的挑战，需要从哲学和科学的角度进行综合研究。

2. 系统的涌现性

系统之所以成为系统，很大的原因是其涌现出了组成部分所没有的功能和性能等。狄增如指出，系统科学在科学研究方法论上需要从还原论走向系统论，其核心科学问题是复杂系统的涌现性。霍兰认为涌现性是实现从混沌到有序的途径。薛惠锋提出了系统综合提升说，认为系统工程是利用一切可以利用的思想、理论、技术、模型和方法，将系统状态由现状层提升到目标层的综合集成，强调系统工程的关键在于"提升"。系统涌现性在未来一段时间内仍然是系统科学和系统工程研究的集成基础问题之一。

3. 系统的演化性

系统科学将演化（Evolution）定义为系统的结构、状态、功能等随着时间的推移而发生的变化。从足够大的时间尺度上来看，任何系统都处于或快或慢的演化之中。演化性是系统的普遍特征。从系统内部来看，各要素之间、各子系统之间及各层次之间的相互作用，包括相互吸引、相互排斥、相互合作、相互竞争，是系统演化的内在动因。系统与环境的相互作用是系统演化的外在动因，环境的变化既能促进一个系统的产生和发展，也能导致一个系统的衰退乃至消亡。系统的演化性主要体现在静态演化和动态演化两个方面。

1.2.3　信息系统的定义

信息系统（Information System，IS）是"信息"和"系统"两个词汇的合成词。关于信息系统，学术界目前还没有公认的权威定义。有学者认为，信息系统是以提供信息服务为主要目的，具有数据密集型、人机交互特点的计算机网络系统。也有学者认为，信息系统是集成了计算机、传感器、通信网络、人工智能等现代信息技术的人机系统，是人、规程、数据库、软件与硬件等各种设备和工具的有机结合。总装备部电子信息基础部编著的《信息系统——构建体系作战能力的基石》一书认为，现代意义上的信息系统是指通过传感器、通信网络、计算机和软件等装备，实现信息的获取、传递、处理、存储、分发和使用的系统。

从广义的角度来理解，信息系统是指以对信息进行收集、整理、转换、存储、传输、加工和利用为主要目的和特征的系统。信息系统的基本要素包括信息和物质，物质是信息系统中的条件性要素，而信息是信息系统中的功能性要素。以计算机和通信技术为核心的现代信息技术把信息处理能力提高到了空前的水平。目前所说的信息系统，通常是指建立在现代信息技术基础上，利用计算机、网络、数据库等现代信息技术，处理组织中的数据、业务、管理和决策等问题，并为组织目标服务的综合系统。

信息系统涵盖的范围十分广泛，目前还没有统一的分类方法。在实际应用中，根据信息系统的地域规模大小，可将其分为国际信息系统、国家信息系统、区域信息系统和局域信息系统等；根据信息系统的应用模式，可将其分为信息处理系统、管理信息系统、决策支持系统、办公信息系统和主管信息系统等；根据信息系统的应用领域，可将其分为金融信息系统、商业信息系统、教育信息系统、医疗信息系统、科技信息系统、农业信息系统、工业信息系统、军事信息系统等。

1.2.4　信息系统的功能

不同的信息系统具有不同的功能，一般来说，信息系统有以下六大功能。

1. 信息采集功能

信息采集功能就是获取信息的功能。信息系统需要把分布在各处的有关数据收集起来，并转化成信息系统所需的形式。对于不同时间、不同地点、不同类型的数据，需要按照信息系统的需要进行格式转换，形成可以在信息系统中进行交换和处理的形式。例如，传感器得到的传感信号需要转换成数字形式才能被计算机接收和识别。信息采集是信息系统的一个重要环节，直接关系到信息系统中传输和处理信息的质量，对信息系统的功能和作用有直接影响。

2. 信息处理功能

信息处理功能就是对进入信息系统的数据进行检索、排序、分类、归并、查询、统计、预测及计算等加工处理的功能，这也是信息系统最基本的功能之一。现代信息系统都是依靠计算机处理数据的，并且处理能力越来越强。

3. 信息存储功能

数据被采集进入信息系统之后，经过加工处理，形成对各种管理和决策有用的信息。在数据处理过程中，信息系统既要保存大量的历史信息、处理的中间结果和最后结果，还要保存大量的外部信息，这就要求信息系统具备信息存储功能。随着计算机的存储能力和数据库技术的发展，数据的存储变得日益灵活和方便。

4. 信息传输功能

从采集点采集到的数据要传送到处理中心，经过加工处理后的信息要传送到使用者手中，各部门要使用存储在信息中心的信息等，这些环节都涉及信息的传输。信息系统规模越大，信息传输问题越复杂。

5. 信息管理功能

通常，信息系统中要处理和存储的数据量很大，在使用过程中需要对信息进行管理。信息管理主要包括：规定应采集数据的种类、名称、代码等；规定应存储数据的存储介质、逻辑组织方式；规定数据传输方式、保存时间等。

6. 辅助决策功能

信息系统对信息进行处理后，可以形成高度有序的、规律的信息，作为决策的重要依据。信息系统可以提供与决策有关的系统内外部信息，收集和提供有关行为的反馈信息，存储、管理和维护各种决策模型与分析方法，运用决策模型和分析方法对数据进行加工分析以得出所需的预测、决策及综合信息，并提供方便的人机交互接口，同时满足快速响应需求。

1.3　军事信息系统

1.3.1　军事信息系统的定义

军事信息系统有多种不同的定义。《中国人民解放军军语》对军事信息系统下的定义为：由信息获取、信息传输、信息处理、信息管理和信息应用等部分组成，用于保障军队作战和日常活动的信息系统，主要包括指挥信息系统、作战信息系统和日常业务信息系统。《军队信息化词典》对军事信息系统下的定义为：以军事信息技术为核心，以信息的获取、传输、处理等为主要功能的信息系统的统称。国防大学出版社出版的教材《军事信息学》对军事信息系统下的定义为：围绕军队建设、管理、训练和作战的需要，以现代信息技术特别是计算机技术为基础，以提高军队战斗力为根本目的而构建的，能够实现军事信息采集、传递、处理、利用与信息对抗等全部或部分功能的人机综合系统。有学者认为，军事信息系统是指为提高诸军兵种信息化条件下的作战能力，以先进的军事信息技术为基础构建的，能够实现军事信息获取、传递、处理与利用等多种功能的人机综合信息系统。它是信息系统在军事领域的应用，是各种军事信息赖以流动并支撑军队作战的平台。还有学者认为，军事信息系统是应用在军事领域的一类特殊信息系统，是通过信息技术获取相关军事目标信息，并对信息进行处理和分发，为军队和武器装备的指挥控制及决策提供服务的综合信息系统。

　　综合上述各种定义，军事信息系统的内涵主要包括以下三个：一是能够涵盖军事信息的整个流程；二是包括相对独立的综合电子信息系统和嵌入式信息系统；三是属于人机结合的系统。从广义上讲，军事信息系统是指应用在军事领域的、为军事目的服务的信息系统，它是指挥自动化系统、作战系统、综合电子信息系统、C2 系统、C3I 系统、C4I 系统、C4ISR 系统、全球信息网格系统、预警探测系统、情报侦察系统、导航定位系统等系统的泛称。随着信息技术的发展，军事信息系统在战场空间的预警探测、侦察监视、军事通信、导航定位、指挥控制及综合保障等方面发挥着越来越重要的作用。

1.3.2　军事信息系统的发展阶段

　　军事信息系统在由简单到复杂、由低级到高级的发展过程中，大致经历了单系统分散建设、各军兵种独立发展、系统综合集成和一体化发展 4 个阶段。

　　1. 单系统分散建设阶段

　　20 世纪 50—60 年代是军事信息系统建设的起步阶段。当时正处于"冷战"时期，为了防止敌方的飞机突袭，美国和苏联开始建设防空作战指挥控制系统。美国的半自动化防空指挥控制系统——"赛其"系统是世界上第一个指挥控制系统。苏联在同期建成了半自动化防空系统"天空一号"。我国的半自动化防空雷达情报处理系统也在 20 世纪 60 年代研制成功。20 世纪 60 年代初，美国首先建成并开始使用世界上第一批战略军事信息系统，包括战略空军指挥控制系统、弹道导弹预警系统、战略空军核攻击指挥控制系统等。这一时期的信息系统称为单系统，原因如下：系统的功能单一，主要为指挥控制功能；任务单一，主要承担防空作战指挥任务；结构单一，系统直接与雷达和作战部队连接，不具有与其他系统协同交互的能力。

2. 各军兵种独立发展阶段

20 世纪 70—80 年代，各国军事信息系统建设呈现出由各军兵种主导的态势。各军兵种为提升自身的作战能力，根据使命和任务的需要，独立建设专用的信息系统，如美军的全球军事指挥控制系统、陆军战术指挥控制系统、海军战术指挥系统、战术空军控制系统等。

在这一阶段，各军兵种建设的大量军事信息系统已经具备了一定的与其他系统协同交互的能力，依据编制序列的上下级关系，通过通信网络逐级互连，总体结构呈线状。这里所谓的线，是指作战命令由上向下层层传递，情报信息由下向上层层上报，整体看就像一条线。由于采用线状结构，这一阶段的军事信息系统在军兵种内部具有一定的协同和信息共享能力，但跨军兵种和跨业务部门的信息共享能力弱，缺乏横向交互的机制和手段。因此，这样的系统也称为"烟囱式"信息系统。

3. 系统综合集成阶段

20 世纪 80 年代末至 90 年代。美军通过海湾战争认识到，以往军兵种独立建设的"烟囱式"信息系统存在纵向层次过多、技术体制不统一、跨军兵种互连/互通/互操作困难、不能适应多军兵种联合作战的需要等一系列问题。为了解决这些问题，美国国防部首次提出了构建国防信息基础设施，以此实现跨军兵种信息系统的综合集成。

各军兵种信息系统采用不同的技术体制、由不同的部门开发，无法互连/互通/互操作，造成信息系统综合集成困难。军事信息系统综合集成通过采用开放式体系架构，基于网络技术实现跨军兵种和跨业务部门的互连/互通/互操作，将地域上分散的作战单元、作战要素、作战系统有机地连接在一起，实现数据信息共享、功能流程集成和作战指挥业务综合，实现与作战任务相关的预警探测、情报侦察、作战指挥、电子对抗和武器打击等系统的综合集成。

4. 一体化发展阶段

从 20 世纪 90 年代末至今，各国军队的目标是建设一体化军事信息系统，以支持联合作战和多样化军事任务。这里的一体化军事信息系统，也称为网络化军事信息系统，它起源于美国国防部为适应网络中心战而构建的军事信息系统。

面向网络中心战的一体化军事信息系统具有网络中心、面向服务、即插即用、按需分发、柔性重组、协同运作等技术特征。网络中心是指系统通过传感器、指挥控制和武器平台组网，形成有机整体，具备基于信息系统的体系作战能力；面向服务是指系统采用面向服务的体系结构，实现系统能力的服务化，支持按需服务；即插即用是指系统采用标准的接口协议和框架，自动入网、自动识别，快速获取所需的资源或对外提供服务；按需分发是指系统能够根据用户对信息的需求，在正确的时间，将正确的信息以正确的形式传递到正确的接收者手中；柔性重组是指系统能够快速进行系统裁剪或能力扩展，适应作战任务变化的需要；协同运作是指系统具有自适应能力，可以协同完成信息感知、信息收集、信息处理、信息交互、作战组织、作战指挥、作战协同、战场监视、作战评估等活动。

进入 21 世纪后，随着云计算、大数据和人工智能等技术的快速发展，以美国为代表的世界军事强国从数据信息、云、智能等基础能力着手，持续推进军事信息系统的一体化转型，推动各军种、各作战领域的指挥控制、通信网络、情报监侦等系统深度融合，构建跨域联合、智能协同的信息系统，同时加大对量子信息、高性能计算、激光通信、人工智能等前沿技术的探索与发展力度，为军事信息系统的快速发展持续提供动力。美国加速推进联合全域指挥控制向作战运用转化，推动覆盖全球的多维、多域、持久情报监侦的一体化体系建设，加速推进异构数据融合、智能情报分析、量子传感等技术的发展与运用，同时围绕陆、海、空、天、网络、电磁域内各作战要素的动态无连接和信息共享这一核心要务，持续优化、升级战略战术各层面的通信与网络服务，重点升级云服务能力，提升战术边缘连通性，加快推进 5G、激光通信、量子通信等技术从实验迈向实战应用。

1.3.3　军事信息系统的功能

通常，军事信息系统具有信息获取、信息处理、信息传输与共享、信息存储、辅助决策及信息对抗等功能。

1. 信息获取功能

军事信息系统通过多种信息采集和接收设备从外界获取信息。信息获取方式主要有信息采集和信息接收两种。信息采集是一种主动的信息获取方式，借助雷达、光电侦察、信号情报及声呐等，通过技术侦察、人员侦察、平时收集等多种形式获取信息。信息接收是一种被动的信息获取方式，常常通过相关部门及上下级通报的形式获取信息。对军事信息系统获取的信息需要进行识别、分类、存储、格式转换、时空转换等一系列处理，以便于信息的进一步处理。获取的信息种类包括敌情、我情、友情、气象、水文、地理等。

2. 信息处理功能

军事信息系统根据不同的目标和需要，按照一定的规则和程序对信息进行加工处理。信息处理主要是通过对相关数据的计算、统计、检索、汇总、排序、优化等操作，实现数据综合/融合、数据挖掘、威胁评估等。信息处理功能有助于定量地认识作战规律并指导作战活动，帮助指挥员及时、准确地把握作战力量的各种限制条件。在信息化战争中，为了做出正确的决策，需要对各种情报和信息进行综合处理。信息化武器的速度快、威力大，更加要求对信息进行快速有效的处理，从而合理选择和分配现有资源对目标进行打击。

3. 信息传输与共享功能

军事信息系统分布在部队的各个部门和各个作战单元，信息系统的子系统之间、信息系统外部与信息系统之间存在广泛的联系，要实现信息处理，需要进行有效的信息传输。军事信息系统的信息传输通常借助多种军事通信系统和通信手段实现，包括军用电台、战术互联网、国防光缆、数据链、最低限度通信系统、军用卫星等。信息共享是指军事信息系统按照一定的规则和方式，将有用的信息以标准化的格式准确送达特定用户的过程。信息共享通常采用一个源头、多个终点的并发式传输方式，其目的是最快地实现信息共享，将所需信息和行动指令快速发送至指挥员或终端。

4. 信息存储功能

军事信息系统既要保存大量的历史信息、处理的中间结果和最终结果，又要保存大量的外部信息。因此，军事信息系统需要提供信息存储功能。通过对各种数据、信息或知识的保存、编制与维护，实现信息的共享和检索。通常，军事信息系统的存储设施具有大容量数据存储、数据快速检索、数据可靠性保障和数据一致性维护等功能，可满足呈指数级增长的信息对高效存储和检索的需要，有效提高整个战场上各个作战单元之间的信息共享和利用能力。

5. 辅助决策功能

辅助决策功能是指在信息处理的基础上，形成对所获取信息的规律性和有序性认识及对相关军事目标的知识性感知，协助指挥员分析判断情况、下定作战决心、制订作战计划、确定兵力和武器部署，是军事信息使用的最直接体现。辅助决策以人工智能、逻辑推理、综合归纳、数据挖掘、信息融合等信息处理技术为工具，基于多种决策模型、专家系统和数据库，通过计算、推理等手段辅助指挥员做出决策。指挥员需要借助军事信息系统强大的信息处理能力，提供辅助决策功能。只有将指挥员的聪明才智和创造性与军事信息系统结合起来，将静态的历史经验与动态的系统分析和测算结合起来，才能做出最佳的决策，避免决策失误。

6. 信息对抗功能

在作战过程中，需要利用各种手段攻击和破坏敌方的军事信息系统，使其陷入瘫痪或难以发挥作用，同时利用各种方法保护己方的军事信息系统正常工作。信息对抗通常包括硬杀伤和软杀伤两类。信息对抗功能主要体现在软杀伤上，主要是指敌对双方运用干扰、窃取、篡改或删除等软杀伤手段，攻击敌方的军事信息系统，使其软件系统瘫痪、数据损坏、运行效能降低；同时利用保密、欺骗和防护等手段保护己方军事信息系统的正常运行。在作战过程中，信息对抗具有破坏效果显著、作用时间持久、作用范围广泛和攻击隐蔽性强等特点。

1.3.4 军事信息系统的分类

军事信息系统是应用在相关军事领域为军事目标服务的信息系统。随着信息技术的发展和信息化战争形态的变化，军事信息系统的应用范围越来越广，几乎涵盖了与军事作战相关的所有领域，以下主要从军兵种、指挥层次、系统规模和应用领域等方面对军事信息系统进行分类。

1. 按军兵种分类

军事信息系统在不同的军兵种中都有重要的应用。根据应用的军兵种类别的不同，军事信息系统可分为陆军军事信息系统、海军军事信息系统、空军军事信息系统、火箭军军事信息系统、跨军种的军事综合服务信息系统等。陆军军事信息系统包括总部、战区、军区、陆军师（旅）、团、营、连等不同级别的军事信息系统。海军军事信息系统包括舰队、编队和舰艇等不同级别的军事信息系统，根据系统使用环境不同，又可分为岸基军事信息系统和舰载军事信息系统。空军军事信息系统包括总部、师、旅、团（联队）等不同级别的军事信息系统，根据系统使用环境不同，又可分为空中军事信息系统和地面军事信息系统。

2. 按指挥层次分类

根据指挥层次的不同，军事信息系统可分为战略军事信息系统、战役军事信息系统、战术军事信息系统和平台级军事信息系统等。战略军事信息系统是保障最高统帅部或各军种遂行战略指挥任务的军事信息系统，包括国家军事指挥中心、国防通信网、战略情报系统等。典型的例子是美国的北美防空防天司令部军事信息系统，其由指挥中心、防空作战中心、导弹预警中心、空间控制中心、联合情报中心、系统中心、作战管理中心和气象支援单元等组成。战役军事信息系统是保障遂行战役指挥任务的军事信息系统，包括战区军事信息系统、陆军战役军事信息系统、海军战役军事信息系统、空军战役军事信息系统和火箭军战役军事信息系统等。战役军事信息系统主要对战区范围内的诸军种部队实施指挥，或者由各军种对本军种部队实施指挥。战术军事信息系统是保障遂行战斗指挥任务的军事信息系统，包括陆军师、旅（团）军事信息系统，海军基地、舰艇支队、海上编队军事信息系统，空军航空兵师（联队）和空降兵师（团）军事信息系统，地对地导弹旅军事信息系统等。平台级军事信息系统主要是指各种作战平台和作战武器上的控制信息系统。一个完整的平台级军事信息系统通常包括目标探测或信息获取信息系统、信息处理系统、目标分配系统、武器控制系统等。

3. 按系统规模分类

根据系统规模的不同，军事信息系统可分为平台级军事信息系统、小规模军事信息系统、中等规模军事信息系统、大型军事综合信息系统等。平台级军事信息系统主要是指各种作战平台和作战武器上的军事信息系统，通过信息获取、信息处理、信息分发、信息利用等信息处理流程实现作战平台和武器装备的控制，对军事目标实施有效的军事打击。小规模军事信息系统主要是指以班、排、连等为单位的军事信息系统，通常由多个平台级军事信息系统集成，能力更强，功能更多。中等规模军事信息系统主要是指由多个小规模军事信息系统构成的具有自动化指挥功能的综合性军事信息系统，通常具有预警探测、情报侦察监视、导航定位、军事通信、指挥控制、综合保障等多种功能，能够实现师级、旅级、团级的自动化指挥。大型军事综合信息系统也称为综合电子信息系统，是利用综合集成方法和技术将多种军事信息系统整合而成的一个有机的大型军事信息系统，能够对各种武装力量进行综合，通过对各种信息系统的集成，提高军队的信息化作战能力、信息业务支持能力、武器装备体系集成能力。

4. 按应用领域分类

根据应用领域的不同，军事信息系统可分为预警探测系统、情报侦察系统、导航定位系统、指挥控制系统、军事通信系统、电子对抗系统、综合保障系统等多个类型。预警探测系统主要是指运用多种探测手段对敌方的各种目标信息进行实时探测、收集、处理、存储和分发的军事信息系统。情报侦察系统主要是指利用多种侦察手段对敌方的各种情报进行收集、处理、分析、存储和分发的军事信息系统。导航定位系统用于确定运载体的坐标位置，并引导其到达指定位置。指挥控制系统主要是指在各级指挥所内，为指挥员制订作战计划，指挥、协调和控制部队服务的军事信息系统。军事通信系统主要通过各种信息传送方法或手段实现军事信息的高效、安全、实时传输。综合保障系统主要为作战过程提供测绘、气象、工程、防化、后勤、装备、频率管理等方面的综合保障支持。

1.3.5　军事信息系统对军事的影响

军事信息系统和军事信息技术的不断发展，不仅对各领域武器装备的发展产生了巨大影响，而且对军事作战行动样式、部队编制体制及指挥员素质等产生了深刻的影响，主要体现在以下几个方面。

1. 作战体系将融合得更加紧密

在传统作战过程中，指挥员只能通过直接观察或利用简单的仪器仪表获取战场态势信息。在信息化作战过程中，战场态势变化快，指挥员可以通过多种手段、多个角度、多个层次获取战场态势信息，并通过信息系统对战场态势信息进行汇总、整合、提炼、分析，从而提高态势感知能力。在此基础上，军事信息系统不仅为各执行要素提供战场态势信息，辅助各执行要素对战场态势进行综合判断，而且提供全方位、智能化的威胁分析、辅助决策和态势监控，真正使各组成要素更加紧密地融合在一起，从而为各作战要素提供体系化的行动支撑，促进作战能力的提升。

2. 作战决策将更加科学高效

军事信息系统可以为指挥员的决策提供前所未有的支撑。首先，军事信息系统可对情报信息进行处理和分析，最终显示为指挥员可以感知的图像和数据，为指挥员及时下定作战决心和形成作战方案提供充分的条件。其次，军事信息系统通过建立基础数据库、能力评估模型库、能力预测模型库等，把指挥员的指挥决策能力和以计算机为基础的定量计算结合起来，打造一个人机交互的指挥决策环境，辅助指挥员开展决策活动。最后，军事信息系统提供的并行交互功能使层级分布式联合决策成为可能。同时，随着大数据和人工智能等技术的快速发展，军事信息系统通过建立各种数据库、知识库、智能模型算法，对战场态势、敌方动向进行多角度、多层次、多因素的智能化分析，进而对作战行动进行科学快速的评估，并通过大数据、大模型生成更加科学高效的作战决策。

3. 作战行动将更加隐蔽

指挥员可以利用多种隐蔽和伪装手段，通过多种军事信息系统高效的信息传输和处理能力，快速形成作战决策，实现部队间的协同配合。军事信息系统能够在敌方尚未知晓的情况下，帮助指挥员快速形成战场态势感知，协助部队采取隐蔽行动，并进行突然性的军事打击。

4. 作战行动将更加快速

多种军事信息系统的综合运用可以极大地缩短收集、处理和提供情报的时间，缩短指挥员做决策和将决策传达到部队的时间。军事信息系统还能够对各种影响战斗行动的客观因素（如地形特点、敌人设施遭破坏的程度、我方运输工具、季节和天气等）进行综合分析，辅助选择最优的综合保障方案并做出决策等，从而进一步加快作战行动的速度。

5. 作战样式更加多样

军事信息系统的各类信息收集终端密切地监视战场情况变化，以帮助指挥员及时修正作战方案，采取相应的作战样式，使部队能够迅速地从一种作战行动转变为另一种作战行动。例如，由进攻迅速转为防御，由次要方向作战迅速转为主要方向作战，由地面战迅速转为对空战，以及由非核条件下的作战迅速转为核条件下的作战等。

6. 作战行动将更加联合化

在信息化战争中，陆、海、空等多军种联合作战，指挥员通过各种军事信息系统实现集中、统一的指挥，及时协调各部队的行动，使陆空协同、陆海协同、海空协同等更加迅速、准确、可靠。同时，军事信息系统能协助指挥员周密地制订联合作战计划，确定联合作战计划的具体细节和下一步作战行动的程序。这样既保证了作战过程中协同动作的严密性，又保证了作战协同系统在遭到破坏后能够迅速恢复。

7. 作战范围将更加广阔

军事信息系统的广泛应用进一步促进了更先进的远程武器系统的发展。精确制导武器、大规模杀伤性武器及定向能武器（包括激光武器、粒子束武器、电磁脉冲武器等）、宇宙武器、气象武器等的出现，使战争半径大幅增加。并且，战争空间的概念也发生了很大的变化，已经没有了明显的前方和后方。另外，由于军事信息系统使信息传递范围增大，未来的作战空间也将比以往和现在更加广阔。

8. 作战行动将更具破坏性和消耗性

军事信息系统支撑下的作战行动速度更快、样式更多、范围更广、领域更多，必然导致作战行动更具破坏性和消耗性。第四次中东战争持续了 21 天，战争双方损失坦克 3000 多辆、飞机 600 多架、舰艇 59 艘，伤亡人数达 19300 余人。1982 年英国与阿根廷的马尔维纳斯群岛战争持续了 74 天，双方共消耗 60 亿美元。俄乌冲突的平均消耗和人员伤亡之巨大更是前所未有。在当前信息化、智能化的局部战争中，先进的军事信息系统用于作战指挥，将进一步提高作战行动的快速性、广阔性和智能化，也必将造成空前的破坏和消耗。

9. 电子对抗将更加激烈

在高技术条件下的局部战争中，指挥、控制、通信、情报等都依赖先进的电子设备，一方面要利用侦察、干扰、摧毁等手段削弱和破坏敌方电子设备的性能，使其雷达迷盲、通信中断、制导兵器失控；另一方面要利用反侦察、反干扰、反摧毁等手段保证己方雷达工作稳定、通信迅速准确可靠、制导兵器控制自如。可以预见，在现代战争中，随着军事信息系统功能的日趋完善，电子对抗将更加激烈。

1.3.6 军事信息系统的地位和作用

1. 军事信息系统的地位

军事信息系统对作战行动产生了颠覆性影响，第一次世界大战之后，世界各国都极为重视军事信息系统的建设。进入 21 世纪后，世界各国更是将最新的云计算、大数据、GPS、人工智能、量子技术等应用于军事信息系统，以大幅提高战场感知的精度、速度和范围，提升指挥决策的效率和控制精度，提升武器打击对抗广度、精度和准度，更好地适应信息化、智能化和无人化战争的需要。军事信息系统在当前国防军队和未来作战中占据重要地位，主要表现在以下 3 个方面。

（1）军事信息系统是国防力量的重要组成部分。在现代战场上，信息优势成为决定战争进程与结局的重要因素。因此，现今世界各国都在加强各自掌握信息优势的能力，而建立高效的军事信息系统则是掌握信息优势的关键。在各种军事信息系统的基础上，利用多种信息化手段，可以快速、精准地进行战场感知，有效地指挥和控制己方的作战兵力，准确掌握敌方的作战意图和行动方向，发挥各种武器系统的联合攻防威力，并通过电子对抗使敌方无法了解己方的情况，通过掌握制信息权，达到"不战而屈人之兵"的目的。

（2）军事信息系统是军队战斗力的"倍增器"。体系之间的对抗是现代信息化战争的重要特点。军事信息系统将各类平台、系统和武器集成为一个有机的整体，发挥聚合作用，使各类平台、武器和系统形成密切配合、运转灵活的整体打击力量，取得最大的作战效能。军事信息系统对作战兵力与兵器的快速、合理分配，可以最大限度地减少作战消耗，使作战行动更加直接有效，作战能力倍增。

（3）军事信息系统是作战指挥的必备手段。在现代信息化战争中，全域联合作战已经成为必然选择，参战军种增多，武器装备复杂，作战空间扩大，战争节奏加快，信息量剧增，战场情况瞬息万变，依靠传统手段已无法实施有效的指挥。军事信息系统作为一种先进的指挥手段，既能充分发掘技术潜力，在实战中体现现代科技的巨大优越性；又能有效地发挥指挥员的聪明才智和创造性，在瞬息万变的战场态势下，有效地提高决策、指挥与控制能力。可以说，在现代战争中，离开先进的军事信息系统，要想取得战争的胜利几乎是不可能的。

2. 军事信息系统的作用

作为信息获取、传输、处理、共享的平台，军事信息系统提高了指挥手段和武器平台的智能化、网络化、一体化程度，提高了人们对战场信息的感知能力、对决策指挥的把控能力和对武器平台的控制能力，对于形成和提高基于军事信息系统的体系作战能力具有基础与支撑作用。其根本作用是将平台、信息和武器转化为战斗力。军事信息系统在战争中的核心作用主要体现在以下 5 个方面。

（1）提高对战场态势的掌控能力。军事信息系统可以使指挥员在远离战场的情况下全面、及时、形象、直观地掌握战场综合态势和有关情况，最大限度地廓清"战争迷雾"，指挥、协调作战行动，掌握、控制作战平台，准确评估作战效果。

（2）提高作战指挥决策能力。军事信息系统可以发挥指挥员平时知识积累的优势和战时群体决策的优势，把指挥员的经验和创造性与高技术手段结合起来，科学地评估、选择作战方案，提高作战筹划和计划的速度与质量。

（3）提高部队的快速反应能力。军事信息系统可以快速收集瞬息万变的战场信息，对这些信息进行快速的分析、判断、综合和处理，实时提供给指挥员用于决策，并将相关命令、指示和各种反馈信息及时、准确地传输到各个作战单元，从而保证对有关部队和作战单元实施迅速、稳定和不间断的指挥控制。

（4）提高武器的快速精准联合打击能力。随着具备精准制导、超高速和隐身等特性的新式武器的不断出现，以及联合全域作战样式的不断涌现，多域、多类、多层次武器的协同攻防作战已经成为在战争中获胜的重要条件。军事信息系统能够根据战场综合态势，将多类型、大数量的攻防武器进行有序、精准的调配和控制，从而在复杂的对抗环境下获取最优的攻防效果。

（5）提高综合保障能力。随着信息化战争的深入发展，作战部队和武器装备对综合保障的要求越来越高，需要保障的对象越来越多，保障的空间越来越大。军事信息系统能够收集、分析、处理和管理保障信息，及时按需分发大范围、高精度、高时效的保障信息，指挥保障力量提供作战保障，提供综合保障辅助决策支持，同时支持武器装备试验活动和日常业务管理活动等。

1.4　本章小结

　　信息技术的发展使战争形态发生了巨大的变化,以信息化为核心的新军事变革浪潮席卷全球,夺取信息优势成为各国军队竞相追求的目标。运用信息技术,融合多种信息资源,建设满足信息化战争需要的军事信息系统,是实施信息化战争的必要基础,是夺取信息优势的重要手段,也是军队战斗力的"倍增器"。通过建设军事信息系统,提高信息获取能力,进而获取信息优势、夺取制信息权,已经成为打赢信息化战争的首要条件。

第 2 章

军事信息系统数据共享

在信息化战争中，军事信息系统已经成为非常重要的军事基础设施，在部队作战和武器装备效能发挥方面具有深远的影响，甚至能够左右战争的胜负。随着军事信息化的发展，军事信息系统逐渐成为军队作战指挥中的重要装备，其水平的高低成为衡量国家军事实力和军队整体作战能力的重要标志。在相关应用领域，人们对军事信息系统的军事需求决定了其所具有的功能和性能，进而决定了系统的结构和组成。

2.1 军事信息系统的组成

军事信息系统主要由硬件、软件和人员等因素，按照一定的形式、规则、标准和协议等连接而成。

1. 硬件

硬件主要是指构成军事信息系统的物理装备和设施，可分为基础硬件、数据信息采集设备、通信设备和输出设备。基础硬件主要是用于存储、处理数据信息的设备。计算机是军事信息系统的核心基础硬件设备，它对输入的各种格式化信息进行综合、分类、存储、更新、检索、复制和计算等，并根据军事信息系统的需求协助指挥员做出决策，拟订作战方案，对各种方案进行模拟、比较、选优。

数据信息采集设备主要是指各类用来收集情报的探测器。它们组成了地面、水面、水下、空中、太空的监视网络，可全方位、多层次地收集信息，生成实时情报。该类设备主要包括遥感设备和传感器两类。遥感设备通过远距离探测获取目标信息。遥感设备与目标之间的距离较远，只接收目标发射或反射的某种能量和信息（如电磁波、声波），并将其转换成人们容易识别和分析的图像与信号，从而获取目标信息。传感器则利用一些敏感元件进行信息采集。传感器距离目标较近，或者与目标直接接触，依靠声、光、温、电、振动、压力、速度等信息获取目标的特性信息。

通信设备是在军事信息系统运行过程中，联结各指挥中心及各种探测器、终端设备的桥梁和纽带，包括有线连接设备和无线通信设备，是军事信息系统的重要硬件。通信设备主要包括：交换设备，如电话、电报和数据交换机等；传输设备及传输线路，如各类无线电台、载波机、接力机、通信卫星、电缆、光缆等；通信终端设备，如电话机、电报机、传真机、图形显示器、无线电台、网络终端设备等。

输出设备主要是显示设备，它是人机交互和信息输出的重要手段，主要包括显示器和大屏幕显示设备。军用指挥所的屏幕显示设备能为指挥决策者、指挥控制人员和作战会议室提供各类综合性战场态势信息，如文字、图表、图像等目标参数信息和相关地理环境等信息。随着技术的发展，声音输出设备成为军事信息系统的重要硬件，尤其在水下作战领域，专业的水声听音设备能够大幅提高声呐探测能力。

2. 软件

除了各种硬件，军事信息系统还必须配置大量的软件。军事信息系统中的软件主要包括系统软件和应用软件两类。系统软件主要保障系统的正常运转、操作和管理，包括操作系统、数据库管理系统、语言编译程序、设备控制程序、检查诊断程序等；应用软件与军事信息系统的功能和性能需求有关，主要包括自动化情报分析、处理、检索软件，图形处理软件，通信软件，辅助决策专家系统，机关业务处理软件，军用加密软件，有关标准规范，以及军训、装备、动员和后勤等方面的专用业务处理软件等。随着高性能计算、大数据和人工智能等技术的发展，各类应用软件在军事信息系统中的作用越来越突出，导航系统、声呐探测系统、雷达探测系统、卫星侦察系统、指挥控制系统、预警系统、武器控制引导系统等各类应用软件已经成为现代信息化作战不可或缺的部分。

3. 人员

在军事信息系统的运行过程中，人员是主导因素。军事信息系统中的人员包括技术保障人员、操作人员及相关的作战人员和指挥人员。技术保障人员主要负责保障系统正常、高效运转，包括系统分析人员、程序编制人员和设备维护人员等，他们不参与信息处理过程，但会影响系统的运转、效率和适用范围。操作人员直接操作设备和软件，直接参与信息处理的各个环节，是军事信息系统发挥作用必不可少的重要因素，包括各类设备操作人员和信息分析人员等。作战人员和指挥人员是信息的使用者，也是军事信息系统的服务对象，军事信息系统的功能和性能与他们的信息需求密切相关。

2.2　军事信息系统数据共享的内容

军事信息系统需要将分散在各个子系统和设备中的数据进行统一管理与调度，以实现按需获取和共享。在快速发展的电子信息技术的推动下，虽然学术界对数据共享还没有形成一致的定义，但一般认为，数据共享主要包含数据统一表达及共享、信息处理功能集成和信息处理流程集成等。数据统一表达及共享是指为各种异构的数据提供统一的描述、组织、管理和访问模型与机制，并对系统内的全局信息进行统一处理、有机综合，以实现信息的最大化共享和运用。信息处理功能集成主要是指以统一的实现形式、操作方式等实现功能的即插即用。信息处理流程集成主要是指采用统一的组织方式，快速构建适用于不同业务需求、能够完成多样任务的信息流程。

2.2.1　数据统一表达及共享

数据统一表达及共享主要从数据统一表示和统一管理两个方面展开研究。统一表示是将不同表示形式（异构）的数据采用统一的表示框架、标准来描述与操作，旨在实现异构数据的同构化。统一管理是对系统运行过程中的所有数据进行统一管理与控制，实现数据和信息的按需获取与共享。

在数据表示方面，美国的"网络中心战"理论提出需要在数据表示上制定统一的标准。传统作战单元中的信息具有多样性、异构性、复杂性等特点，导致数据种类多样、格式不统一等，因此需要将异构平台、不同格式、不同语义的数据进行统一表示和规范操作。解决这个问题最常用的方法是提供统一的集成数据模型（Integration Data Model，IDM）。该模型具有自描述能力，具有统一的表示形式和代数操作，能够描述各种异构数据的抽象结构、具体表示和相互关系，提供原子数据、组合数据的元数据描述，屏蔽数据在结构格式、句法上的异构性，兼容已有的数据格式、复杂的数据类型，支持各种具有不同语法和格式的数据结构模型，使协同作战单元的各种数据按照统一的模型和规范进行分类、处理、表示，从而形成统一、科学的信息表示标准与操作规范。数据模型应该满足以下要求：能比较真实地模拟现实世界；能较容易地为人们所理解，便于在计算机上实现。当前的数据可分为结构化数据、半结构化数据和非结构化数据。早期的数据表示方案往往存在一些不足：数据转换和整合规则都融合在定制代码中，如果发生变化，则难以灵活适应；各个设备只能通过中间库或集中库的方式解决数据集成问题，然而这样容易形成数据孤岛。这种状况直至 XML 出现才有所改变。XML 作为一种自描述语言，具有适合数据交换的特性。现有的基于 XML 的数据集成平台有如下几个特点：采用 XML 格式作为统一的数据交换标准，为数据访问提供简便、统一的模式；数据转换和整合规则可以灵活定义，独立于应用集成和业务逻辑。美国 BEA 公司的数据集成平台 BEA Liquid Data 就是这样的产品。然而，在 XML 文档所形成的树状结构中进行查找、解析、校验、转换等操作，需要耗费过多的系统资源，导致系统运行性能下降。为了解决以上问题，国际上有一些组织致力于数据模型的标准化工作，试图通过对各类数据资源的统一抽象和概括，为分布式集成提供通用的、统一的概念模型，实现全社会的数据共享。例如，美国斯坦福大学与 IBM Almaden 研究中心提出了对象交换模型（Object Exchange Model，OEM）；我国东南大学提出了基于带根连通有向图的对象集成模型（Object Integration Model，OIM）。OEM 是一种自描述数据模型，适合表示松散的或结构不固定的半结构化数据，用于异构数据集成；OIM 从便于异构数据集成的角度出发，以 OIM 对象代数作为查询语言的数学基础。

统一的数据模型能够为系统实时获取和利用数据提供便利。随着各类军事信息系统的形成和应用，人们积累了大量的数据，在某些作战场景和任务中，这些数据十分重要，甚至成为决定胜败的关键因素。因此，对大数据的研究和应用将是数据统一表达及共享的一个重点方向。

通过对数据的统一管理实现数据共享是指将军事信息系统内的全局信息进行统一处理、有机综合，以实现信息按需获取。早期信息系统成员（如平台、武器、子系统等）之间是通过 TCP/IP 协议实现互连的，这种点对点的互连方式使系统复杂性高、扩展性差，不能满足平台、武器、子系统即插即用和按需获取的信息共享需求，不能适应子系统动态加入和动态退出的需求，尤其不能适应军事信息系统的作战成员动态加入/退出的需求。发布/订阅机制可以使通信的参与者在空间、时间和控制流上完全解耦，能够较好地解决在不可靠网络环境中通信时数据的自动发现及数据传输的实时性、可靠性和冗余性等问题，从而很好地满足军事信息系统分布式松散通信的需求，进而使系统更好地配置和利用信息资源，满足作战过程中对复杂多变的数据信息流的需求。

2.2.2 信息处理功能集成

信息处理功能集成的主要目的是实现军事信息系统中各个平台、武器和子系统的信息处理功能模块的即插即用（灵活配置、动态调度）。军事信息系统中包含多领域、多专业异构的功能模块和实现方式，服务化的功能集成模式能够有效地异构的功能模块进行即插即用，完成相应的作战任务。事实上，分布在各个平台、武器和子系统中的功能模块调度都是通过软件接口或功能的形式实现的。

为了实现信息处理功能的即插即用，早期商业上提出了一系列解决方案和技术，代表技术有分布式组件（构件）技术和中间件技术。多个组织和公司为组件、组件框架和接口建立了模型与技术规范，其中对象管理组织（Object Management Group，OMG）定义的公共对象请求代理体系结构（Common Object Request Broker Architecture，CORBA）、微软公司开发的组件对象模型/分布式组件对象模型（Component Object Model/Distributed Component Object Model，COM/DCOM）及 Sun 微系统公司开发的 JavaBean/企业 JavaBean（Enterprise JavaBean，EJB）占主导地位。组件技术和中间件技术在武器系统中得到了较为广泛的应用，其中应用最多的是 CORBA。CORBA 可以实现异步、可靠的功能访问，在一定程度上达到了解耦的目的，在早期的舰船武器平台和作战系统、飞机航电系统等方面得到了较为广泛的应用。

随着技术的发展，面向服务的架构（Service-Oriented Architecture，SOA）为功能集成提供了更好的技术支撑。SOA 被认为是传统紧耦合的、面向对象的模型的替代者。与传统分布式组件架构（如 CORBA 和 DCOM）相比，SOA 具有更多优势，包括基于标准、松散耦合、共享服务、粗粒度和联合控制。SOA 与大多数通用的客户端/服务器模型的不同之处在于，它着重强调组件的松散耦合，并使用独立的标准接口。SOA 并不排斥面向对象，在某个具体服务的实现上可以采用面向对象的设计。虽然 SOA 允许对象在系统内存在，但 SOA 作为一个整体并不是面向对象的架构，可以说 SOA 是更高层面的架构，因此更适用于军事信息处理功能集成。

2.2.3 信息处理流程集成

信息处理流程集成主要采用统一的组织方式，将系统中信息处理的功能、行为、活动等快速构建成适应不同任务需求的流程模式，它的主要目的是为用户提供一个可以灵活在线定制和运行的信息处理流程，以便完成各种各样的任务。信息处理流程集成主要通过对分布式武器、平台、子系统和设备的信息处理行为及活动进行编制、编排，在活动执行引擎的支撑下完成相应的作战任务。当前，Web 服务编排描述语言、Web 服务业务流程执行语言为信息处理流程集成提供了强有力的技术支持。

信息处理流程集成通过服务编排和服务编制（也称为编配）实现。服务编排和服务编制分别从不同的角度对服务组合进行了描述。服务编排从整体角度介绍系统中各参与服务之间的信息交互，具体指在多个交互方和多个源中追踪信息/消息顺序，尤其是 Web 服务之间的信息/消息交互。在服务编排中，各个参与服务之间的地位是平等的。事实上，信息处理流程是依据一定的业务规则，按照序列执行的一系列操作，而操作的排序、选择和执行就是服务编排。服务编制是可执行的信息处理流程，它既可以与外部的 Web 服务交互，也可以与内部的服务交互，这种交互发生在消息层级，包括业务逻辑、任务执行顺序等。不过，服务编制仅从单个服务层面描述应该什么时候调用服务、调用什么服务，并没有对交互方应该如何协作进行定义。当前的编制方式有集中式编制和分布式编制两种。服务编排可以在 Web 服务组合协商和设计阶段使用，明确每个参与服务在协作过程中所扮演的角色和过程协议，并且按照此协议指导组织内部服务编制的实现。

服务编制按照一种陈述性而非编程性的方式创建合成服务，对组合中的每个参与服务都做了详细的定义，同时对服务之间的执行顺序做了严格的限制。因此，可以认为服务编制是业务的简单执行过程，而这个执行过程本身也可以看作一个 Web 服务。服务编排所关注的是不同的参与服务如何在更大的业务中进行协调合作。对每个参与服务来说，服务编排会对如何与组合中其他相关的网络服务进行交互做出详细的定义，并非像服务编制那样只从自身服务的角度描述如何执行给定的业务流程。

在军事信息系统中，各个子系统具有自治性、连接的动态性与开放性等特征，同时运行环境是多元化的、动态的和开放的。在这种情况下，需要通过服务编排和服务编制技术，依据执行任务的需求，将系统中各个节点的功能、操作和活动等进行集成整合，形成有机的信息流程模式，以便执行相应的任务。

2.3　美国军事信息系统数据共享发展情况

2.3.1　《国防部数据战略》

美军始终高度重视国防数据信息建设和共享发展，其从 20 世纪 70 年代开始就重视数据集成与共享。2020年10月，美国国防部发布了《国防部数据战略》，旨在拓展数据领域的领先优势，进而谋求以数据为中心的全方位军事优势。

1. 《国防部数据战略》的提出背景

（1）加速国防大数据建设与发展。随着信息化与智能化融合发展的逐步深入，数据已经深度嵌入联合作战、业务分析和战略决策等各个环节，呈指数级增长，成为未来夺取信息优势、决策优势和作战优势的重要基础。美国是世界上最早将数据战略作为重点军事战略的国家之一。其于2003年颁发了《国防部网络中心数据战略》，进一步将数据从技术层面上升为"军事领域高附加值的战略资产""高利润产品"，强化顶层战略规划，力争通过规模化使用数据获取全方位的军事优势。

（2）维持军事数据技术领域优势。数据是信息的载体，美国信息化建设的过程也是其数据建设和共享不断深化的过程。长期以来，美国一直是全球信息技术领域的主导者和领先者，在军事信息技术领域更是长期领先，这奠定了其在军事数据建设、管理和共享方面的全球领导者地位。为此，美国发布《国防部数据战略》，引导军方和政府加大投资力度，调动全社会优势资源开展大数据前沿技术研发，构建强大而安全的大数据产业优势，试图扩大在军事大数据领域的技术优势。

（3）着眼抢占未来智能化战争先机。进入21世纪以来，高速通信网络、高性能计算、高质量传感器、大数据及人工智能等技术不断取得突破，促使战争形态在机械化、信息化的基础上向无人化、智能化转变。智能化战争的核心是在快速处理、学习理解和深度分析海量数据的基础上，实现自主化侦察、指挥、决策和行动。可以说，数据是在智能化战争中获取战场态势、开展科学决策、实施高效打击的重要基础。美军认为，人工智能和大数据是"一枚硬币的两面"，两者密不可分。为此，美国发布《国防部数据战略》，加大军事数据投入力度，不惜代价发展军事数据技术，谋求在未来智能化战争中的绝对优势。

2. 《国防部数据战略》的主要内容

《国防部数据战略》提出了"将国防部建成以数据为中心的机构，通过快速规模化使用数据来获取作战优势和提高效率"发展愿景，并围绕这一愿景提出了应用领域、指导原则、基本能力和发展目标。

（1）应用领域。《国防部数据战略》提出，应重点加强数据在联合全域作战、决策支持和业务分析3个领域的应用，充分利用数据获取战场全方位优势，提升国防部管理决策质量与效率，改进国防部业务工作。

（2）指导原则。①将数据作为战略资产；②实现数据全生命周期的问责管理；③将数据伦理作为首要原则；④自动化收集和标记数据；⑤确保全范围内数据的可访问性和可用性；⑥加强用于人工智能训练的数据集和算法模型管理；⑦提高数据的适用性；⑧采用合规性设计。

（3）基本能力。①打造开放灵活的体系架构，构建企业云和其他技术支持的敏捷架构，以快于对手的速度利用数据，从而获取战略优势；②采用科学可行的数据标准，对数据的表示、利用、管理、共享等采用可行的通用标准，促进数据获取、利用和共享；③实施全生命周期数据治理，按层级提供有效管理数据所需的原则、政策、流程、框架、工具、度量和监督机制；④做好数据人才和文化建设，开展数据技能培训，培养数据人才，支持国防部文化转型。

（4）发展目标。确保数据可见、可访问、易理解、可连接、可信、可互操作和安全。

3.《国防部数据战略》的目的及共享要求

（1）清除长期制约国防数据应用的障碍。美国军事数据建设与发展的重要特点是坚持问题导向，始终聚焦面向战场、服务决策，致力于破解长期存在的数据共享效率低、服务作战效果差、互操作水平低、数据分析能力差等问题，并在不断的迭代中总结经验、升级发展。美国国会认为，美国国防部积累了海量的采办数据，但长期以来采办管理与决策仍然以定性分析方法为主，缺乏基于数据的科学分析，且数据挖掘与利用不充分。为此，美国发布《国防部数据战略》，试图有效清除长期制约国防数据高效应用的障碍。

（2）强力推进国防数据融合共享。数据孤岛是国防数据建设与发展的关键掣肘，为破解国防部数据私有化和共享难题，美国试图通过《国防部数据战略》营造"共享为常态、不共享为例外"的文化氛围，通过确定权威数据源、制定数据接口规范、基于决策需求获取数据、推广数据共享集成软件工具等方法，全面提高国防数据共享效率，最大化数据可用性。此外，美国非常注重国防数据与普通商业数据的异同，强调对于敏感数据、机密数据、个人数据、专有数据等保密性高的国防数据，应通过创建受控分析环境、灵活设置人员权限、开发可控"黑箱"系统保护原始数据等方式，严格控制涉密数据传播范围，确保国防采办数据共享的安全可控。

（3）构建适应数据快速应用的先进技术架构。为适应大数据时代数据获取更快、使用更频繁、应用需求更旺盛的特点，美国提出构建开放式信息体系架构，以确保用户在任何时间、任何地点都能够按照权限安全地访问所需的数据和应用服务，从而提升数据应用的有效性、安全性和高效性。美国《国防部数据战略》提出，为获取军事战略优势，应构建优于竞争对手的数据应用敏捷信息体系架构。该架构一方面有利于快速部署轻量级应用系统，以便用户根据需求快速且持续地获取和使用数据，提高数据的可访问性；另一方面易于根据用户需求和数据应用需求进行快速、平稳的迭代升级。

（4）推动国防数据管理政策与标准的制定。美国认为，数据分析与应用并不只是简单的技术应用问题，更是管理问题。因此，美国提出应通过制定政策制度与标准规范、加强数据治理与安全防护等，全方位推进国防部数据分析与应用工作。在政策制度方面，美国提出建立数据全生命周期的问责制，细化数据管理员、数据保管员和数据使用人员的权限，确保数据的可控管理；在标准规范方面，美国提出构建数据安全利用和交换标准，确保数据共享的标准化运行；在数据治理方面，美国提出建立自上而下的数据治理体系，全流程记录数据使用过程，加强多层次的数据管理监督，便于国防部正确开展数据管理工作；在安全防护方面，美国提出了建立精细化的数据管理权限策略、部署端到端身份认证设备、定期评估数据安全、核准数据使用记录、开发数据意外发布与披露防控技术、授权管控、数据应用全面审计等一系列措施。

2.3.2 "造雨者"项目

"造雨者"项目针对美国陆军各信息系统数据体量巨大且格式不统一的问题，通过数据编织解释、汇集和分析不同来源的数据，建立全局图像，从而在正确的时间向指挥官分发、共享准确的数据，进而加快数据从传感器传递到射手的速度。

1. "造雨者"项目的提出背景

目前，大多数互联军事系统通常只能传输摘要和部分元数据，内容不够详细。对美国陆军而言，雷达、红外、光电、射频等多种类型传感器的数据格式和数据结构不同，尤其是众多老旧系统无法与新系统兼容，不同的系统只能勉强共享数据，系统之间的互操作依靠标准消息（可变消息格式和美国消息文本格式）。如何将来自不同军种的传感器和武器系统连接到一个安全的网络中，并将数据转换为通用的格式和结构，是陆军实现多域战需要解决的核心问题。为此，美国陆军启动了"造雨者"（Rainmaker）项目，该项目通过开发通用技术标准和应用程序编程接口，使原本不兼容的作战系统实现共享，共享范围涵盖从智能武器瞄准目标到训练人工智能所需的所有数据。

"造雨者"项目旨在通过数据编织提升陆军的战术优势，优先考虑列档项目系统、各作战职能和作战梯队之间协调数据的需求。"造雨者"项目的目标是解决战术边缘的指挥官与士兵经常面临的问题，即很难在通信无连接、断续、低带宽的战术边缘环境中保持数据同步。同时，"造雨者"项目还寻求利用人工智能和机器学习工具来更好地访问与处理数据，支持指挥官决策。

"造雨者"重点关注以下3个方面的工作。

（1）数据的访问：访问移动数据和综合数据湖/池中的数据，以便在通信无连接、断续、低带宽战术边缘环境中实现数据同步访问。

（2）本地数据分发与共享：快速分发与共享关键数据，以实现时敏场景中的增强感知。

（3）人工智能/决策工具的运用：包括用于促进各层级军事决策的定制分析工具。

通过应用程序编程接口、开放标准和数据编织，"造雨者"项目可部署在全军网、战术网和边缘网。"造雨者"项目将利用广泛的陆军网络硬件，包括军级、师级的固定站点数据中心和服务器，旅、营、连指挥所的战术服务器等基础设施和笔记本，以及士兵设备中的软件。"造雨者"项目通过增加一个数据层（数据编织），聚合不同的信息源，纳入所有武器系统的详细数据，进一步丰富用于人工智能和机器学习的数据。这不仅有助于解决较低层级和战术边缘的数据量不足的问题，还有利于对综合集成数据进行阐释和分析。

2. "造雨者"项目的主要进展

2021 年，美国陆军在"能力集 21"数据集中实现了"造雨者"0.5，在"能力集 23"数据集中升级到"造雨者"1.0。"造雨者"1.0 包括基础的分析、治理和标准，以及初始的总部到战术端的数据联合，并逐步向战斗旅部署，进而与其他军种和国外盟友共享数据。美国陆军还将在"能力集 25"数据集中实现"造雨者"2.0，其包含高级分析工具（如人工智能、机器学习等）和全面的总部到战术端的数据联合，可以显著提升数据的持久吞吐能力。

目前，"造雨者"项目的主要进展如下。

（1）连续 3 年在"会聚工程"系列作战实验中展现出数据互操作性和在不同层级移动与共享数据的能力。在"会聚工程 2020"作战实验期间，由帕兰蒂尔公司和通用动力公司合作开发的"造雨者"参与了实验。"造雨者"将详细的目标数据（来自情报界的卫星和海军陆战队的 F-35 战斗机）从华盛顿州路易斯堡的一个拟旅战术作战中心传递到了亚利桑那州尤马试验场的一个营级战术作战中心，供美国陆军飞机、炮兵部队和地面车辆使用。

在"会聚工程 2022"作战实验期间，美国陆军纳入了英国、澳大利亚等盟友的传感器数据，展示了战术数据编织的最小可行性产品。该产品与基层部队分析平台相结合，将处理后的数据从一个节点移动到另一个节点，再传递给效应器。

（2）将商业创新纳入研发进程。2019 年年末，美国陆军向行业发布关于数据编织的信息征询书，旨在将商业创新嵌入能力集中，通过广泛利用供应商设计的数据编织补充原型开发工作。

2020 年 11 月，美国陆军授予帕兰蒂尔公司和通用动力公司合同，要求这两家公司提供多级安全数据编织软件，为"能力集23"数据集提供设计决策。这两家公司交付的原型在陆军实验室进行测试，用于保障指挥所计算环境与广泛战术数据环境之间的安全性，同时评估通用数据编织与数据安全方案实现身份和访问管理、数据隔离及数据标记的能力。

2021年4月，博思艾伦公司宣布被美国陆军选中开发"造雨者"。该公司将创建一个基于开放系统架构和通用标准的数据编织方案，提供分布式云架构、跨功能数据（包括结构化数据、非结构化数据、半结构化数据和二进制数据）存储、高级分析框架、应用程序编程接口等先进服务，促进数据的发现、访问、同步和安全。

3. "造雨者"项目的主要目标之一：数据共享

（1）"造雨者"将改善跨层级、跨域互操作性，为获取决策优势提供支撑。"造雨者"项目连续3年被纳入"会聚工程"作战实验，成功地展示了数据的互操作性和在不同层级移动数据的能力。在"会聚工程2020"作战实验中，"造雨者"仅聚焦于将陆军的传感器和武器平台在网络上进行连接；而在"会聚工程2021"作战实验中，"造雨者"显著扩大了连接范围，将陆、海、空、天、网络域的多种传感器和武器平台与陆军杀伤网连接。"造雨者"通过数据编织快速地将来自不同系统的大量数据源和数据格式整合并标准化，为人工智能算法或精确瞄准提供了数据支撑。"造雨者"的数据共享方法为数据的融合与分析、通用作战图的生成提供了有力支撑。

"造雨者"项目并不局限于只为美国陆军开发定制系统，而是广泛使用商业技术，吸纳行业在开发数据编织上的创新成果，这将有利于美国陆军与其他军种和外国盟友保持通用技术基础，有效清除美国陆军、其他军种和外国盟友之间的数据共享障碍。总体来说，数据编织能够高效地利用传感器，从而提升跨域、跨军种、跨系统的数据联合共享能力，推动联合全域指挥控制愿景的实现，支撑美国夺取决策优势。

（2）"造雨者"将成为新旧系统连接和对话的关键使能器。对美国陆军而言，新技术全面取代现有所有电子设备还需要几十年的时间，因此放弃旧系统不太现实。当美国陆军部署下一代新系统时，"造雨者"能够充当桥梁，建立新系统与旧系统的连接，原本不兼容的系统实现无缝共享和同步，为复杂的作战行动提供所需数据，尤其是为人工智能/机器学习等技术提供大量高质量、灵活的数据。此外，"造雨者"还将成为美国陆军和其他军种构建、训练各种人工智能算法及应用程序并高速处理数据的基础。

（3）数据编织将使不同安全级别的用户共享数据，并确保数据的安全。与以往文件层级的安全授权方式相比，数据编织具备更灵活的安全性和访问控制功能。

当前，如果用户未被授权查看某份文件的所有内容，那么系统通常不允许用户访问该文件。数据编织采用了"基于片段的安全性"技术，使"造雨者"能够智能编辑文件报告，使用户仅无法查看未被授权的特定数据片段，因此不需要将用户完全隔离在文件之外。此外，"造雨者"可能会变革数据服务的加密方法。相较于让不同的部队通过无线电共享点对点加密，"造雨者"将使数据本身在存储时被加密，通过静态数据加密手段，使数据即使在不安全的通道中传输时也具备安全性。

2.4　本章小结

军事信息系统已经成为现代战争中的重要军事基础设施，是部队作战能力和武器装备效能的"倍增器"，甚至可以左右战争的结果。军事信息系统水平的高低已经成为衡量国家军事实力和军队整体作战能力的重要指标。信息共享是军事信息系统的核心功能之一，是实现军队战斗力倍增的重要手段。要建设世界一流的军事信息系统，必须建立与之适配的数据共享方法。军事信息系统的技术特点主要包括以下两个。

（1）采用开放式体系架构（简称开放架构），实现各个分散的军事信息系统之间的互连、互通、互操作，消除数据信息孤岛。

（2）通过制定统一的数据表达及共享机制，进行信息处理功能集成和信息处理流程集成，实现各类数据的按需快速共享，加快数据从传感器到射手的传递速度，建立全面的作战信息优势。

第3章

军事信息系统开发架构

● ● ● ● ● ● ● ●

　　开放式体系结构（Open System Architecture，简称开放架构）是实现军事信息系统数据共享的必然技术选择。开放式体系结构具有应用系统的可移植性和可剪裁性，网络上各节点间的互连、互通和互操作性，以及易于从多方获得软件等特征，由一系列技术组成，为军事信息系统数据共享提供了基础技术支撑。

3.1　开放架构的发展历程

　　开放架构于20世纪80年代初被提出，其与开放系统概念的提出和实现密切相关。它是为了适应更大规模地推广计算机应用和计算机网络化的需求而提出的，目前仍处于不断发展和完善之中。对于开放系统，不同组织有不同的定义。X/Open协会的定义为，开放系统是以规范化与实际存在的接口标准为依据而建立的计算机系统、网络系统及相关的通信环境，这些标准不应是任何机构所专有的，它可以为各种应用系统中的标准平台提供软件的可移植性、系统的互操作性、信息资源管理的灵活性和更大的可选择性。开放软件基金会的定义为，开放系统是一种能使各类用户在连续工作的环境下，将不同的硬件系统与软件系统共同应用的系统。美国电气与电子工程师学会（Institute of Electrical and Electronics

Engineers，IEEE）可移植操作系统接口（Portable Operating System Interface，POSIX）委员会则认为，开放式计算机系统是为应用程序提供网络上的可移植性、互操作性和分布计算功能的计算机系统。

开放架构能够为开发开放系统提供一个适合的框架，并指导开发人员采用相关标准和指南构建支持开放系统的开放架构计算环境（Open Architecture Computing Environment，OACE）。OACE 的本质是利用一组计算机、内部和外部的网络互连设备、网络传输介质、操作和控制软件、通信软件及接口软件等，打造一个分布式高效计算环境，并且至少满足以下几个条件。

（1）采用了定义明确、被广泛使用、开放的标准或协议。

（2）给出了全面的接口定义，便于为各种应用增添新的系统功能，并且在扩充或升级时对系统的影响最小。

（3）确保系统具有分布式处理、可移植性、可量测性、可伸缩性、模块性、容错性、共享资源管理和自动使用等特性。

为了实现系统的开放性，国际上各个厂商和组织纷纷推出了相关技术、标准和规范来支持开放架构，仅国际标准化组织（International Organization for Standardization，ISO）就推出了几百项规范和标准。开放架构自提出至今，其硬件和软件的发展过程如图 3.1 所示。

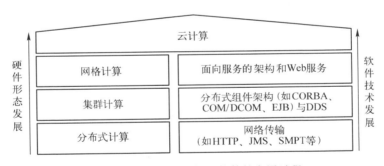

图 3.1　开放架构硬件和软件的发展过程

3.2　分布式组件架构

分布式组件架构的典型代表有 CORBA、COM/DCOM 及 JavaBean/EJB 等。这几种技术出现在 20 世纪 90 年代至 21 世纪初。在这一时期，不同领域的系统推出了综合集成架构和解决方案。

　　CORBA 是 OMG 于 1992 年发布的适用于分布式对象计算的一项规范和标准。它定义了接口定义语言（Interface Definition Language，IDL）和应用编程接口（Application Programming Interface，API），通过实现对象请求代理（Object Request Broker，ORB）激活客户与服务器的交互。OMG 于 1996 年 12 月发布了 CORBA 2.0 版本，定义了如何跨越不同的 ORB 提供者进行通信，以解决不同 ORB 之间的协同工作问题。随着在实践中的不断完善，OMG 于 1999 年推出了 CORBA 3.0 版本，该版本融合了一些新兴技术，如 Java、制造运营管理（Manufacturing Operations Management，MOM）系统等，推出了 CORBA 组件模型结构，规范了一个创建即插即用对象的框架，为 CORBA 的具体实现提供了一种标准的方法。

　　CORBA 定义了 ORB 的体系结构、IDL 及其映射等进行了定义，规定了对象间如何通过 ORB 实现互操作及 ORB 间如何实现互操作。ORB、IDL 和互联网内部对象请求代理协议（Internet Inter-ORB Protocol，IIOP）是 CORBA 的核心组成部分，它们可使系统具有分布式、可移植、可裁剪的特点和异构能力。此外，命名服务程序和事件服务程序（两个常用的服务程序）在实现分布式、可移植、可裁剪和异构型目标的过程中也起到了很大的作用。CORBA 命名服务程序和 CORBA 典型事件服务程序对大量子系统与接口的成功集成起着关键作用。CORBA 的体系结构如图 3.2 所示，图中显示了客户、服务的执行对象与 ORB 接口之间的关系。

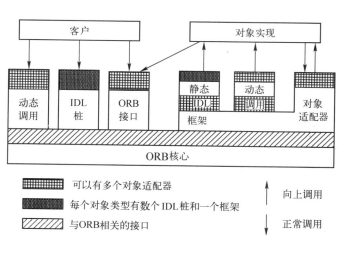

图 3.2　CORBA 的体系结构

3.3　发布/订阅系统与 DDS

3.3.1　发布/订阅系统

互联网技术的广泛应用及移动计算、网格计算、普适计算的快速发展，要求分布式系统能够满足大规模、分散控制和动态变化的要求。这就要求系统的各参与者采用一种具有动态性和松散耦合特性的灵活通信范型与交互机制。发布/订阅（Publish/Subscribe）通信范型与传统的通信范型（如消息传递、RPC/RMI 和共享空间）相比，具有异步、多点通信的特点，能够使通信的参与者在空间、时间和控制流上完全解耦，从而很好地满足大型分布式系统松散通信的需求。

发布/订阅系统是一种使分布式系统中的各参与者能以发布/订阅的方式进行交互的中间件系统。在发布/订阅系统中，信息的生产者和消费者之间所交互的信息称为事件。发布/订阅系统概念模型如图 3.3 所示，生产者将事件发送给发布/订阅中间件；消费者向发布/订阅中间件发送订阅条件，表明对系统中的哪些事件感兴趣，如果不再感兴趣，则可以取消订阅（Unsubscribe）；发布/订阅中间件则保证将生产者发布的事件及时、可靠地传送给所有对之感兴趣的消费者。信息的生产者称为发布者（Publisher），信息的消费者称为订阅者（Subscriber），发布者和订阅者统称为客户端。匹配算法（Matcher）负责高效地找到与给定事件相匹配的所有订阅条件；路由算法（Router）则负责选择适当的路径，将事件从发布者传送给订阅者。

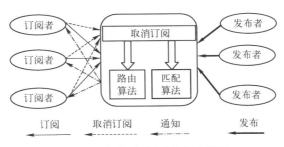

图 3.3　发布/订阅系统概念模型

一个典型的发布/订阅系统包括事件模型、订阅模型、匹配算法、拓扑结构、路由算法和提供服务质量保证的设施。其中，事件模型定义了事件的数据结构；订阅模型定义了系统能够支持的订阅条件，指明了订阅者如何表达对事件子集的兴趣，事件模型和订阅模型共同决定了系统的表达能力；匹配算法一般要结合相应的事件模型和订阅模型进行优化；拓扑结构决定了系统的可扩展性；路由算法一般要根据相应的事件代理网络的拓扑结构进行优化。

根据订阅者表达兴趣的方式不同，即根据不同的事件模型和订阅模型，发布/订阅系统可以分为两类：基于主题的发布/订阅系统和基于内容的发布/订阅系统。

（1）基于主题的发布/订阅系统。在基于主题的发布/订阅系统中，主题通常用字符串类型的关键字来表示，每个事件都被赋予一个主题。每个被发布的事件都携带自己的主题信息，订阅者通过在订阅中指明主题表达兴趣。基于主题的发布/订阅系统根据主题来判断事件与订阅是否匹配，进而决定如何转发相应的事件。就节点的兴趣表达形式而言，基于主题的发布/订阅与应用层组播非常相似，因而很多应用层组播方法可以直接用来实现基于主题的发布/订阅系统。基于主题的事件模型与订阅模型相对简单，但表达能力较弱，无法反映更加复杂的节点兴趣。

（2）基于内容的发布/订阅系统。基于内容的发布/订阅系统可分为两类，一类是基于 Map 的发布/订阅系统，另一类是基于 XML 的发布/订阅系统。在基于内容的发布/订阅系统中，事件内容往往表现为多个"属性＝值"的集合，订阅者的兴趣通过对事件内容所含各种属性值的约束表达，其具体形式一般为关于若干属性值的约束条件的逻辑组合。实际上，事件内容除了"属性＝值"集合，还可以附加其他数据，"属性＝值"集合只充当用以匹配订阅的数据头。虽然基于内容的发布/订阅系统的实现相对复杂，但其对节点兴趣的表达能力比基于主题的发布/订阅系统强。

3.3.2 DDS

发布/订阅机制使系统信息使用的可伸缩性和灵活性有了很大的提高，无须重建整个系统就可以增加新的节点。OMG 意识到了人们对数据分发服务的需求，于 2004 年 12 月发布了面向分布式实时系统的数据分发服务（Data Distribution Service，DDS）规范。DDS 规范为 DDS 中间件定义了一系列规范化的接口和行为，定义了以数据为中心的发布/订阅机制，提供了一个与平台无关的数据分发模型。此外，DDS 规范还重点关注对服务质量（Quality of Service，QoS）的支持，定义了大量 QoS 策略，以便更好地配置和利用系统资源、协调可预测性与执行效率之间的平衡，以及支持复杂多变的数据流需求。

DDS 是在实时 CORBA 应用的基础之上发展而来的，其与 CORBA 的比较如表 3.1 所示。DDS 提供了一个以数据为中心的发布/订阅模型，使用该模型，应用程序能够实时发布其拥有的信息，同时可以订阅其需要的信息，较好地解决了在不可靠网络环境中通信时数据的自动发现、数据传输的可靠性和冗余性等问题。

表 3.1　DDS 与 CORBA 的比较

比较对象	DDS	CORBA
组件关系	一对多	多对一
是否存在服务器瓶颈	不存在	存在
底层通信协议	底层使用 UDP 进行通信	底层使用 TCP 进行通信
通信模式	以数据为中心的发布/订阅模式	以对象为中心的客户机/服务器模式
应用场景	应用于对实时性要求较高的场景	应用于对实时性要求不高的场景

DDS 主要有两层，分别是底层——以数据为中心的发布–订阅（Data-Centric Publish-Subscribe，DCPS）层、可选的高层——数据本地重构层（Data Local Reconstruction Layer，DLRL）。DCPS 层是 DDS 的核心和基础，该层提供通信的基本服务，并完成数据的发布和订阅。DDS 提供的以数据为中心的发布/订阅模型具体包括域（Domain）、数据写入者（Data Writer）、发布者（Publisher）、数据读取者（Data Reader）、订阅者（Subscriber）和主题（Topic）。域是将不同的程序联系在一起进行通信的基本结构，只有在同一个域内的组件才能相互通信；发布者是负责发布主题的组件，通过使用数据写入者将主题发布到全局数据空间；订阅者是负责订阅主题的组件，通过数据读取者获取所订阅主题中的数据，一个组件既可以是发布者，也可以是订阅者。DDS 通信模型如图 3.4 所示。

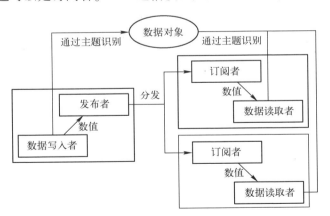

图 3.4　DDS 通信模型

通信时，发布者需要先向 DDS 中间件注册所要发布的数据类型，注册成功后就可以发布包含该数据类型的主题了。当有数据需要发布时，发布者向 DDS 中间

· 41 ·

件发布包含数据的主题，并设置所发布主题的 QoS。订阅者查找该主题并请求订阅，DDS 中间件会比较发布者的 QoS 和订阅者的 QoS 是否兼容，如果兼容，则返回主题给订阅者，否则拒绝返回主题。当发布者又有数据需要发布时，重复上述步骤。

DDS 使用 QoS 控制通信的灵活性。QoS 可以分为三大类：主题 QoS、发布者 QoS 和订阅者 QoS。主题 QoS 反映了资源的可用情况；发布者 QoS 反映了发布者对资源的占有程度；订阅者 QoS 反映了订阅者对资源的期待程度。只有 QoS 兼容的发布者和订阅者才可以进行通信。QoS 的参数主要包括持续性、可靠性、历史记录、保活性和时间限制。

（1）持续性（Durability）。如果该参数被选中，则后加入的订阅者可以订阅发布者在其加入之前发布的历史主题。

（2）可靠性（Reliability）。在默认情况下，发布者只提供尽力而为服务，如果发布者发布的主题由于网络环境等因素丢失，则该主题不会被重新发布。如果可靠性参数被选中，则订阅者会向发布者确认其所接收的每个主题；如果发布者未收到来自订阅者的确认信息，则需要重新发布该主题。

（3）历史记录（History）。该参数决定了发布主题历史队列的长度，决定了有多少历史主题会传递给后加入的订阅者。历史记录参数通常和持续性参数一起使用。

（4）保活性（Liveliness）。该参数用于检测发布者的活跃状态。发布者的保活性参数决定了发布者发布活跃信号的最大时间间隔；订阅者的保活性参数决定了订阅者所能接收的发布者发布活跃信号的最大时间间隔。因此，订阅者的保活性参数值应该大于发布者的保活性参数值。

（5）时间限制（Deadline）。发布者的时间限制参数代表发布者更新数据的最大时间间隔；订阅者的时间限制参数代表订阅者所能接收的发布者更新数据的最大时间间隔。因此，订阅者的时间限制参数值应该大于发布者的时间限制参数值。

通过设定不同的 QoS 参数，发布者和订阅者之间可以实现更加灵活的通信。相比传统中间件技术，DDS 在数据通信方面具有明显的优势，因此被越来越广泛地应用在各类分布式实时系统中。

3.4　SOA 与 Web 服务

3.4.1　SOA

随着信息技术的发展，面向服务的架构（SOA）为功能集成提供了更好的技术支撑。早在 1996 年，Gartner 公司就提出了 SOA 这一概念。2004 年 4 月，IBM 公司首先提出了 SOA 的编程模型思想，并在网站上发表了 200 多篇高质量的文章，多次组织报告会，引起了国内外的广泛关注。之后，结构化信息标准促进组织（Organization for the Advancement of Structured Information Standards，OASIS）也开始组织力量为 SOA 及其各种组件创建标准术语。2005 年，OASIS 采纳了 6 个被推荐的 Web 服务说明书，Web 服务标准取得了很大的进展。随后，OASIS 提出了 SOA 的参考模型，并将其作为标准模型。BEA、IBM、Oracle 及 Sybase 等国际大公司把服务构件架构和服务数据对象融合成了 SOA 编程模型。该模型致力于定义最小的一组 SOA 核心概念，并确定各概念之间的关系，用于构造 SOA 的共同语义。尽管如此，SOA 至今还没有一个统一的、被广泛认可的定义，不同的厂商和组织根据各自的需求制定 SOA 参考模型。

万维网联盟（World Wide Web Consortium，W3C）对 SOA 的定义为：SOA 是一套可以被调用的组件，用户可以发布并发现其接口。SOA 将企业应用程序的功能独立出来作为服务，服务之间具有良好的通信接口和契约，接口采用中立的方式进行定义，使服务能够以一种统一和通用的方式实现跨平台、跨系统、跨编程语言的交互，功能单元能够以服务的方式实现集成。

SOA 参考模型描述了 3 个角色（服务提供者、注册机制、服务消费者），提供 3 种操作（注册服务、查找服务、绑定并执行服务），具有简单、动态和开放的特性。其中，上述 3 个角色与服务契约共同构成了 SOA 的 4 个基本要素。图 3.5 简明地描述了 SOA 参考模型的基本架构。

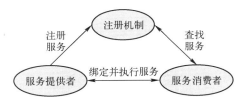

图 3.5　SOA 参考模型的基本架构

1. SOA 的 4 个基本要素

（1）服务提供者（Service Provider）。服务提供者是一个可通过网络寻址的实体，接收和执行来自服务消费者的请求。它将自己的服务和接口契约发布到服务注册中心，以便服务使用者发现和访问该服务。它主要实现以下功能。

① 定义可提供的服务功能。

② 设计并实现这些功能。

③ 描述这些服务，并在服务注册表项中发布它们。

（2）注册机制（Register）。注册机制是一个包含可用服务的网络可寻址的目录，它是一个接收并存储服务契约的实体，供服务消费者定位服务。它主要实现以下功能。

① 增加、删除或修改已发布服务所提供的服务数据。

② 按用户的请求从注册表项中查询服务数据。

（3）服务消费者（Service Consumer）。服务消费者可以是一个请求服务的应用、服务或其他类型的软件模块，它从注册机制中定位所需要的服务，并通过传输机制绑定该服务，然后通过传递符合契约规定格式的请求执行服务功能。它主要实现以下功能。

① 发现所需的服务，通常通过访问服务注册表项实现这一点。

② 通过统一的接口协议与要访问的服务进行通信。

（4）服务契约（Contract）。服务契约是对服务消费者和服务提供者之间交互方式的规范，指明了服务请求和响应的格式。

服务提供者与服务消费者是彼此分开的。注册机制中的服务信息位于两者之间，将服务提供者所提供的服务按一定的标准进行组织和分类，并向服务消费者发布服务接口，服务消费者使用查询功能发现服务提供者。服务提供者与服务消费者通过事先定义好的契约进行交互。

2. SOA 参考模型的 3 种主要操作

（1）注册（Register）服务。服务提供者将服务信息发布到服务注册机制中（也称发布服务）。服务信息包括与该服务交互所必需的所有内容，如网络位置、传输协议、消息格式等。

（2）查找（Find）服务。服务消费者依据服务契约来查找和定位服务，查找服务的操作由用户或其他服务发起。

（3）绑定并执行（Bind and Execute）服务。服务请求发现合适的服务后，将根据服务描述中的信息直接激活并调用服务。

由 SOA 参考模型的基本架构可以看出 SOA 有以下几个关键特性。

（1）服务是可发现和动态绑定的。

（2）服务是自包含和可模块化的。

（3）服务之间具有互操作性。

（4）服务是松耦合的。

（5）服务有可网络寻址的接口。

（6）服务有粗粒度的接口。

（7）服务位置具有透明性。

（8）服务有自恢复功能。

（9）服务具有可组合性。

SOA 与传统分布式组件架构的对比如表 3.2 所示。

表 3.2　SOA 与传统分布式组件架构的对比

SOA	传统分布式组件架构
面向流程	面向功能
设计目的是适应变化	设计目的是满足需求
交互式和重用性开发	开发周期长
以服务为中心	以成本为中心
服务协调	应用阻塞
敏捷的松耦合	紧密耦合
异构技术	同构技术
面向消息	面向对象
独立于实施细节	需深入了解实施细节

3.4.2　Web 服务

事实上，Web 服务是 SOA 的经典实现方式，它的出现极大地推动了 SOA 的发展。SOA 与 Web 服务是两个层面的概念，前者是概念模式，后者则是实现模式。SOA 并没有确切地定义服务及具体的交互方式，而仅仅定义了服务之间如何相互理解。Web 服务则在如何实现服务之间的交互上给出了具体的指导原则和解决方案。Web 服务不仅具备 SOA 的 4 个基本要素，更重要的是提供了业务流程集成整合的规范和标准。在 Web 服务中，服务的接口和绑定可以通过 XML 进行定义、描述和发现，涉及的 3 项基本技术是 Web 服务描述语言（Web Service Description Language，WSDL）、简单对象访问协议（Simple Object Access Protocol，SOAP）、统一描述、发现和集成（Universal Description，Discovery and Integration，UDDI）规范。其中，WSDL 是基于 XML 的 Web 服务接口描述语言，用于描述服务的操作、参数类型及服务的 SOAP 接入点；SOAP 是分布式或集中式环境下基于 XML 的消息交换协议；UDDI 则用来发布和发现服务。

单一的 Web 服务功能很有限，不能充分满足用户的需求。为了实现现实世界中的业务功能，具有不同服务功能的服务聚合在一起，形成能够完成特定功能的业务流程。业务流程集成整合的规范和标准主要有 Web 服务业务流程执行语言（Business Process Execution Language for Web Services，BPEL4WS，也称 BPEL）、Web 服务编排描述语言（Web Services Choreography Description Language，WS-CDL）。

两者是专门为整合 Web 服务的业务过程而制定的规范和标准。它们的目的是创建诸如 Web 服务调用、数据操纵、故障处理或终止某个流程等活动，然后将这些活动连接起来，将分散在网络各地的服务集成、整合起来，从而创建出面向具体业务的可运行流程模式，以实现业务过程的集成。

Web 服务的技术架构如图 3.6 所示。

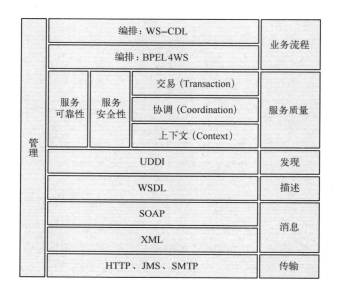

图 3.6　Web 服务的技术架构

3. 4. 2. 1　WSDL

WSDL 提供用于描述服务 IDL 的标准方法，它是理解 SOA 中的服务的关键。WSDL 是 IBM 公司的网络访问服务规范语言（Network Accessible Service Specification Language，NASSL）和微软公司的规格描述语言（Specification and Description Language，SDL）融合的产物。WSDL 不依赖底层的协议和编码要求，它是一种抽象的语言，利用参数和数据类型来定义被发布的操作。该语言还涉及服务的位置和绑定细节的定义，开发者用 WSDL 描述 SOA 中一组服务所支持的操作，包括操作输入和输出所期望的对象类型、网络的格式约定，以及数据编码的方案。WSDL 文档还可以帮助用户在 UDDI 注册中心发布和查找服务描述。WSDL 文档主要分为两种类型：服务接口（Service Interface）和服务实现（Service Implementation）。图 3.7 详细描述了 WSDL 文档的结构。

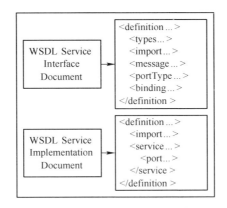

图 3.7　WSDL 文档的结构

服务接口由 WSDL 文档描述，这种文档包含服务接口的 types、import、message、portType 和 binding 等元素。服务接口包含用于实现一个或多个服务的 WSDL 文档定义，它是 Web 服务的抽象定义，并用于描述某种特定类型的服务。通过使用一个 import 元素，一个服务接口文档可以引用另一个服务接口文档。例如，一个仅包含 message 和 portType 元素的服务接口文档可以被另一个仅包含此 portType 绑定的服务接口文档引用。

WSDL 服务实现文档包含 import、service 等元素。服务实现文档包含一个服务接口描述。import 元素中至少包含一个对 WSDL 服务接口文档的引用。一个服务实现文档可以包含对多个服务接口文档的引用。

WSDL 服务实现文档中的 import 元素包含两个属性：namespace 和 location。namespace 属性是一个与服务接口文档中的 targetNamespace 相匹配的 URL。location 属性是一个用于引用包含完整的服务接口定义的 WSDL 文档的 URL。port 元素的 binding 属性包含对服务接口文档中某个特定绑定的引用。

服务接口文档由服务接口提供者创建和发布。服务实现文档由服务提供者创建和发布。服务接口提供者与服务提供者这两个角色在逻辑上是分离的，但两者可以是同一个实体。一个完整的 WSDL 服务描述由一个服务接口文档和一个服务实现文档组成。

3.4.2.2　SOAP

SOAP 是一个基于 XML 的、用于在分布式环境下交换信息的轻量级协议，是请求者和提供者之间的通信协议，这样，在面向对象编程的环境中，请求对象可以在提供对象上执行远程方法调用。SOAP 是由微软、IBM、Lotus、User Land 和 DevelopMentor 联合制定的。W3C XML 协议工作组基于 SOAP 成立，有超过 30 家公司参与其中。在大多数厂商的 SOA 实现过程中，SOAP 为分布式对象通信奠定了基础。SOAP 的优点在于它完全和厂商无关，相对于平台、操作系统、目标模型和编程语言可以独立实现。

SOAP 中最重要的部分是消息框架。SOAP 消息由一个必需的 SOAP Envelope、一个可选的 SOAP Header 和一个必需的 SOAP Body 组成，属于 XML 文档，如图 3.8 所示。

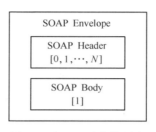

图 3.8　SOAP 消息的组成

在图 3.8 中，SOAP Envelope 表示 SOAP 消息的 XML 文档的顶级元素。在通信双方之间尚未达成一致的情况下，SOAP Header 支持在松散环境下通过 SOAP 消息增加特性。SOAP 定义了一些属性，用于指明谁可以处理该特性及其是可选处理的还是强制处理的。SOAP Body 为消息的最终接收者想得到的那些必须被处理的信息提供了一个容器。

1. SOAP Envelope 语法规则

（1）元素名为 SOAP Envelope。

（2）该元素必须在 SOAP 消息中出现，一般是根元素。

（3）该元素可以包含命名空间声明和额外属性。如果出现额外属性，则必须有命名空间修饰。类似地，该元素也可以包含额外的子元素，这些子元素如果出现，必须有命名空间修饰，并跟在 SOAP Body 元素之后。也就是说，SOAP Envelope 元素的直接子元素 SOAP Header 和 SOAP Body 必须排列在最前面。

2. SOAP Header 的语法规则

（1）元素名为 SOAP Header。

（2）该元素可以在 SOAP 消息中出现。如果出现，则该元素必须是 SOAP Envelope 元素的第一个直接子元素。

（3）该元素可以包含一系列 SOAP Header 条目，这些条目都应当是 SOAP Header 元素的直接子元素，并且 SOAP Header 元素的所有直接子元素都必须有命名空间修饰。

（4）SOAP Header 条目自身可以包含下级子元素，但这些下级子元素不是 SOAP Header 条目本身，而是 SOAP Header 条目的内容。

3. SOAP Body 的语法规则

（1）元素名为 SOAP Body。

（2）该元素必须在 SOAP 消息中出现，同时必须是 SOAP Envelope 元素的直接子元素。若 SOAP 消息中包含 SOAP Header 元素，则 SOAP Body 元素必须直接跟随在 SOAP Header 元素之后，作为 SOAP Header 元素的相邻兄弟元素。若 SOAP Header 元素不出现，则 SOAP Body 元素必须是 SOAP Envelope 的第一个直接子元素。

（3）该元素可以包含一系列 SOAP Body 条目，这些条目都应当是 SOAP Body 元素的直接子元素。SOAP Body 元素的所有直接子元素都必须有命名空间修饰。SOAP 定义了 SOAP Fault 元素，用来指示调用错误的信息。

（4）SOAP Body 条目自身可以包含下级子元素，但这些下级子元素不是 SOAP Body 条目本身，而是 SOAP Body 条目的内容。

3.4.2.3　UDDI 规范

UDDI 规范的目标是建立一个全球化的、与平台无关的开放式体系结构，使不同的企业能够发现彼此，并定义如何通过互联网进行交互，使用一个全球性的商务注册中心以共享信息。UDDI 规范是由 IBM、微软和 Ariba 制定的，促进了 Web 服务的创建、描述、发现和集成。在 UDDI 注册中心有 4 种主要数据类型，即商业实体、商业服务、绑定模板和技术规范。

（1）商业实体（BusinessEntity）：用于描述商业信息，如名称、类型等。

（2）商业服务（BusinessService）：已发布 Web 服务的集合。

（3）绑定模板（BindingTemplate）：包括访问信息，如 URL。

（4）技术规范（tModel）：对服务类型技术规格的说明，如接口定义、消息格式、消息协议和安全协议等。

其中，BusinessEntity、BusinessService 和 BindingTemplate 之间存在层次嵌套关系。tModel 是独立的实体，BindingTemplate 结构中包含了对 tModel 的引用。图 3.9 展示了这 4 种数据类型之间的关系。

3.4.2.4　BPEL

BPEL 是专为整合 Web 服务的业务过程而制定的一项规范标准。它可以创建 Web 服务调用、数据操纵、故障处理或终止某个流程等活动，然后将这些活动连接起来，从而创建复杂的流程，达到 SOA 中服务整合的目的。这些活动可以嵌套在结构化活动中，结构化活动定义了活动的运行方式。

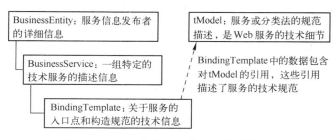

图 3.9　UDDI 注册中心的 4 种数据类型

　　BPEL 的主要元素有合作伙伴/合作伙伴连接（Partners/Partner Links）、活动（Activity）、变量定义（Variables）、相关集（Correlation Sets）、补偿处理程序（CompensationHandlers）、故障处理程序（FaultHandlers）和事件处理程序（Event-Handlers）等。其中，合作伙伴是指与业务流程交互的服务，是流程伙伴链的一部分；合作伙伴连接用于定义业务流程交互的服务，描述服务之间的会话关系；活动是 BPEL 流程中的最小执行单元，其类型多样，可以满足不同场景的需求；变量定义用于表示并保存流程的状态；相关集用于管理业务流程中多个活动之间的数据关联关系；补偿处理程序用于撤销业务流程中已完成的步骤，维持业务数据的一致性；故障处理程序一般用于捕捉异常并处理流程中出现的故障；事件处理程序一般用于并行处理流程执行过程中发生的事件。

3.4.2.5　WS-CDL

　　WS-CDL 是 W3C 针对 Web 服务编排提出的主要标准。它是一种基于扩展标记的语言，从服务组合的整体视角描述服务参与方之间的协作行为，所用的方式是描述服务参与方的外部可见动作，这些动作按照某个消息顺序实现业务目标。

　　WS-CDL 从全局视角描述多个 Web 服务之间的分布式协作流程，其核心目标是"去中心化"，即不依赖中心控制节点，而是通过服务之间的松耦合交互和预定义协议实现协作。

　　WS-CDL 模型包括以下几个要素。

　　（1）角色类型（RoleType）、关系类型（RelationshipType）、参与方类型（ParticipantType）。在一个编排中，信息交换总是在服务参与方之间进行，所有的交互都是在有关系的两个不同的角色之间进行的。其中，角色由 RoleType 定义，关系由 RelationshipType 定义，参与方由 ParticipantType 定义。

　　（2）信息类型（InformationType）、变量（Variable）、标记（Token）。信息类型用于描述 WS-CDL 模型中的数据结构和语义；变量用于记录交换的信息或某个角色的可见信息，包括交换信息变量和状态变量；标记可以用来表示部分信息。

（3）编排（Choreography）。编排定义了服务参与方的协作流程，包括编排的生命周期、异常处理模块、结束处理模块等内容。

（4）通道类型（ChannelType）。通道类型实现了一个协作点用于表示交互的服务参与方在什么时候、以什么方式进行信息交换。

（5）工作单元（WorkUnit）。工作单元是协作的约束条件。合理设计工作单元可以提升业务流程的效率。

（6）活动（Activity）。活动描述了编排中的具体动作。活动可分为基本活动和顺序控制活动。顺序控制活动通过将基本活动和其他结构控制活动进行嵌套组合，表示动作之间的先后顺序关系。

（7）交互（Interaction）。交互是编排中的基本活动，用于完成不同服务参与方之间的信息交换。

WS-CDL 的规范说明中对每个要素都设置了很多语义和语法限制。

WS-CDL 文档结构如图 3.10 所示。在一个定义良好的 WS-CDL 文档中有一个包（Package）。每个包都包含信息定义和动作定义两部分。其中，信息定义包括变量定义和参与方相关定义；动作定义由一个或多个编排组成。在 WS-CDL 中，协作参与方被定义为 Participant，一个协作参与方可以同时扮演不同的角色（Role）。每个角色可以执行多个动作（Behavior）。WS-CDL 中的变量定义可以分为状态变量和通道变量。当动作定义中有多个编排时，其中一个编排会被指定为"根编排"（Root Choreography），作为包控制流的入口。编排中的变量定义、异常处理模块（Exception Block）、结束处理模块（Finalizer Block）等用于定义通信和编排结束（包括异常结束和正常结束）时的处理动作。

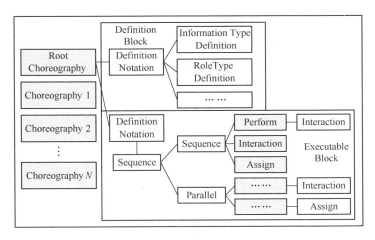

图 3.10　WS-CDL 文档结构

每个编排都包含一个活动定义，活动分为基本活动和顺序控制活动。WS-CDL中的顺序控制活动有以下几项。

（1）Sequence：该活动中的各个子活动按照文本定义的顺序依次执行。

（2）Parallel：该活动中的各个子活动并发执行，只有当所有子活动都成功结束时，该活动才算成功结束。

（3）WorkUnit：在 WorkUnit 中说明被包含的子活动执行的卫士条件或循环执行子活动的循环条件。卫士条件和循环条件可以包含 XPath 表达式和 WS-CDL 提供的函数。卫士条件和循环条件的计算方式有阻塞式计算、立即计算（通过设置 WorkUnit 的 Block 属性实现）。

（4）Choice：排他的选择执行。一般 Choice 以 WorkUnit 作为子活动，按照子活动定义的文本顺序计算它们的卫士条件，只有卫士条件满足后才执行对应的 WorkUnit 的动作。如果没有 WorkUnit 子活动，选择哪个子活动是不确定的。

基本活动是顺序控制活动的构成要素，包括以下几项。

（1）Interaction：用于描述两个角色之间的信息交换。需要指定用户信息交换的变量名，也可以设定一个超时条件。如果其"align"属性被指定为 true，则只有两个角色都知道交互成功，其信息交换才最终有效，否则信息交换无效。

（2）NoAction：表示参与者不做任何动作，也可以用于描述从语法角度需要活动但又不做任何事情的地方。例如，可将其用在 Exception Block 中。

（3）SilentAction：可用于描述参与方不可见但必须做的动作。

（4）Assign：用于在 RoleType 中创建、修改变量，变量的值为同一个 RoleType 中的表达式或变量值；也可用于产生异常。

（5）Perform：通过复用已有的编排完成编排组合。一个编排使用 Perform 可以调用另一个编排。Perform 和通用编程语言中的函数调用的作用类似。编排有两种调用方式：阻塞式调用和非阻塞式调用。阻塞式调用需要在被调编排结束后，控制流程才返回到主调编排；在非阻塞式调用中，控制流程立即返回，被调编排和主调编排并发运行。通过变量的绑定在被调编排和主调编排之间实现变量共享。

（6）Finalize：通过使能被直接调用且成功结束的编排的 Finalizer Block，使被调编排达到共同的目标。

3.5　云计算技术

云计算技术是分布式计算、网络技术和商业模式相结合而诞生的一种全新的技术，它既是一种计算机技术，也是一种商业模式。计算技术经历了"分布式计算—集群计算—网格计算—云计算"的发展过程。下面主要介绍集群计算、网格计算和云计算。

3.5.1　集群计算

1. 集群的定义和特点

集群计算技术于 20 世纪 90 年代中期在全球范围内兴起，得到了广泛的应用，并取得了良好的社会效益和经济效益。集群是一组相互独立的、通过高速网络互联的计算机，这些计算机以单一系统的模式加以管理，运行相同的软件并被虚拟成一台主机，为客户端与应用提供服务。当客户与集群相互作用时，集群表现为一个独立的服务器。在大多数模式下，集群中所有的计算机共享一个名称，集群内任意系统上运行的服务均可被所有的网络客户使用，集群系统可以协调管理各计算机运行中出现的错误和失败，并可透明地向集群中加入组件。集群内各节点服务器通过网络相互通信，当一台节点服务器发生故障时，其上所运行的应用程序将被另一台节点服务器自动接管。当一台节点服务器上的一个应用服务发生故障时，该应用服务将被重新启动或被另一台节点服务器接管。也就是说，无论是节点服务器还是应用服务发生故障，用户都能很快连接到新的应用服务。与传统的高性能计算机技术相比，集群技术有很多优势：可以利用各种档次的服务器作为节点，从而降低系统造价低；可以实现很快的运算速度，完成大运算量的计算任务；具有较高的响应能力，能够满足日益增长的信息服务需求。

一般来说，集群具有以下几个特点。

（1）良好的可用性。集群中的计算机能够在集群的某部分资源出现故障的情况下继续向用户提供服务，几乎所有的典型集群都拥有灾难恢复功能。

（2）良好的可扩展性。只需要进行简单的配置就可以轻松地向集群中加入或删除工作节点。

（3）良好的可管理性。管理人员只需要通过简单的操作就可以对集群中的工作节点或控制节点进行工作配置。

（4）负载平衡功能。负载平衡包括静态负载平衡和动态负载平衡，为了最大限度地利用集群中的一切资源，集群需要具有动态负载平衡功能，通过监视实际节点的负载情况动态地调度资源。大部分集群系统都有一个主控机，能够监视各计算机的运行状态，而且能够根据各计算机的负载情况进行任务调度。

2. 集群计算技术的类型

根据应用环境和需求的不同，目前应用最广泛的集群计算技术可以分为三大类：高可用性集群技术、高性能计算集群技术和高可扩展性集群技术。

（1）高可用性集群（High Availability Cluster，HA Cluster）技术是指以减少服务中断时间为目的的服务器集群技术。它的设计思想是最大限度地减少服务中断时间，对外提供尽可能不间断的服务。该技术运行于两个或多个节点上，在系统出现某些故障的情况下，仍能继续对外提供服务。高可用性集群通常采用容错的工作方式，当一个节点不可用或不能处理客户的请求时，该请求将被转到另外的可用节点来处理，提供客户需要的资源，而客户根本不必关心这些资源的具体位置。从容错的工作方式出发，可以把集群分为以下 3 种（特别是两节点的集群）：主/主型（Active/Active）、主/从型（Active/Passive）和混合型（Hybrid）。

（2）高性能计算集群（High Performance Computing Cluster，HPC Cluster）技术是指以提高科学计算能力为目的的计算机集群技术。HPC Cluster 是并行处理（Parallel Processing）集群的一种实现方法。并行处理是指将一个应用程序分割成多块可以并行执行的部分并指定到多个处理器上执行。目前很多计算机系统支持对称多处理器（Symmetrical Multi-Processing，SMP）架构，并通过进程调度机制进行并行处理，但是 SMP 架构的可扩展性十分有限。例如，在 Intel 架构上最多只可以扩展到 8 块 CPU。为了满足"计算能力饥渴"的科学计算任务需求，并行计算集群的方法被引入计算机界。著名的"深蓝"计算机就是并行计算集群的典型。高性能计算集群的计算方式可以分为两种。一种是任务片方式，把计算任务划分成任务片，再把任务片分配给各节点，在各节点上分别计算后把结果汇总起来，生成最终计算结果。另一种是并行计算方式，节点之间在计算过程中大量地交换数据，进行具有强耦合关系的计算。

（3）高可扩展性集群技术是指带有负载均衡策略（算法）的服务器集群技术。集群中所有的节点都处于活动状态，它们共同分摊系统的工作负载，目的是提供和节点个数成正比的负载能力。负载均衡集群在多个节点之间按照一定的策略（算法）分发网络或计算处理负载。它建立在现有网络结构之上，提供了一种经济而有效的方法来扩展服务器带宽，增加吞吐量，提高数据处理能力，同时避免单点故障，具有一定的高可用性特点，很适合提供大访问量的服务。目前，基于负载均衡的算法主要有 3 种：轮询（Round-Robin）算法、最小连接数（Least Connections First）算法和快速响应优先（Faster Response Precedence）算法。轮询算法将来自网络的请求依次分配给集群中的服务器进行处理。最小连接数算法为集群中的每台服务器设置一个计数器，记录每个服务器当前的连接数，负载均衡系统总是选择当前连接数最少的服务器分配任务。快速响应优先算法根据集群中服务器的状态（CPU、内存等主要处理部分）来分配任务。

在负载均衡集群中，典型的应用是 Web 服务集群。在 Web 服务集群的设计中，网络拓扑被设计为对称结构。在对称结构中，每台服务器都具备同等地位，都可以单独对外提供服务。通过负载均衡算法，分配设备将外部发送来的请求均匀分配到对称结构中的每台服务器上，接收到连接请求的服务器独立回应客户的请求。因此，Web 服务集群具有高性能、高可扩展性和高可用性的特点。

3.5.2　网格计算

1. 网格计算的定义和特点

简单地讲，网格就是把整个互联网整合成一台巨大的超级计算机，实现计算资源、存储资源、数据资源、信息资源、知识资源、专家资源等的全面共享。网格计算主要研究如何在分布、异构、自治的网络资源环境中动态构建虚拟组织并实现跨自治域的资源共享与协作。共享与协作是网格计算的基本理念，松散耦合的网格系统能够实现广域范围内计算资源、数据资源和服务资源的有效聚合与按需共享，支持以大规模计算、数据密集处理和广域分布群组协同工作为特征的应用。

网格计算提供了共享和协调使用各种不同资源的机制，因此能够从地理上、组织上分布的计算资源中创建一个虚拟的计算机系统，该系统集成了各种资源以获得理想的服务质量。网格计算的研究技术包括：资源管理协议和服务，支持安全远程访问计算和数据资源，协同分配多种资源；信息查询协议和服务，提供关于资源、组织和服务的配置信息与状态信息；数据管理服务，在存储系统与应用之间定位和传输数据集；等等。目前，网格计算已经在物理学、地球科学、气象科学和生命科学等研究领域得到了应用，能够为跨地域、跨学科的大型科学研究活动提供协同工作的支持环境。一般来说，网格计算具有以下特点。

（1）分布和共享。组成网格的各种资源是分布式的，可以使用标准、开放的通用协议和接口协调这些分布式资源，实现资源共享。

（2）自相似性。网格中的分布式资源具有自治性，同时网格的局部和整体之间存在一定的相似性，局部往往具有全局的某些特征，而全局的特征在局部也有一定的体现。

（3）动态性和多样性。网格计算的动态性表现在动态增加和动态减少两个方面，这就要求网格具有极大的扩展性，主要体现在规模、能力、兼容性等方面。网格资源是异构和多样的，在不同的网格环境中可以有不同体系结构的计算机系统和不同类别的资源。因此，网格计算必须能够解决这些具有不同体系结构的计算机系统之间、不同类别的资源之间的通信和互操作等问题。

2. 网格的体系结构

虚拟组织是网格的核心概念，它由资源共享规则和约束条件定义的一组个体和机构构成。虚拟组织的成员为了共享资源，需要按照这些规则和约束条件进行协商。为了动态地建立虚拟组织，实现跨自治域的虚拟组件管理和资源共享，需要研究网格的体系结构。网格的体系结构是关于如何构建网格的技术，它给出了网格的基本组成和功能，描述了网格组件之间的关系及它们的集成方式或方法，从宏观上把握了支持网格有效运转的机制。目前，较为成熟的网格体系结构有两个：5层沙漏结构和开放网格服务结构（Open Grid Service Architecture，OGSA）。

1) 5层沙漏结构

5层沙漏结构是一种影响十分广泛的结构，它并不提供严格的规范，也不是对全部所需协议的列举，而是对结构中各个组件的功能进行定义，形成一定的层次关系。5层沙漏结构模型如图3.11所示。

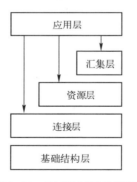

图3.11　5层沙漏结构模型

各层次内容如下。①基础结构层：定义了本地（共享）资源接口，实现了基于底层特定资源的高层共享功能，包括计算资源、数据存储资源、网络资源、软件模块和其他系统资源等。②连接层：定义了网格中网络处理的核心通信和认证协议。通信协议使基础结构层资源间的数据转换成为可能；认证协议基于通信服务提供用于确认用户和资源身份的安全机制。③资源层：定义了一些关于安全协商、共享功能计费、监控等方面的协议。要实现这些协议，资源层需要调用基础结构层的功能来访问和控制本地资源。该层只处理单个资源，不关心资源集合池中的全局状态和原始操作问题。④汇集层：负责全局资源的管理和资源集之间的交互。该层使用资源层的部分协议和连接层实现多种不同资源的共享。⑤应用层：通过不同的协作和资源访问协议使用网格资源。

虽然 5 层沙漏结构模型定义了网格体系结构中每层的功能，但在分析图 3.11 后，可以大致认为网格系统分为 3 个基本层次：网格资源层、网格中间件层和网格应用层。网格资源层相当于图 3.11 中的基础结构层，包括各种计算机、贵重仪器、可视化设备、现有的软件等，这些资源通过网络设备连接起来。网格中间件层对应图 3.11 中的连接层、资源层和汇集层，包括一系列工具和协议软件，其功能是屏蔽网格资源层中计算资源的分布特性、异构特性，向网格应用层提供透明、一致的使用接口。5 层沙漏结构的一个重要特点是形如沙漏，其内在的含义是：因为各部分协议数量不同，对于核心的部分，要能实现上层各种协议向各种核心协议的映射，同时实现核心协议向下一层协议的映射。核心协议在所有的网格计算节点都得到支持，因此其数量不应该很多，这样核心协议就成为协议层次结构中的一个瓶颈。在 5 层沙漏结构模型中，资源层和连接层组成了这一核心的瓶颈部分，形状如沙漏。

2）开放网格服务结构

随着网格技术的快速发展和全球网格论坛的出现，网格研究日益关注网格体系结构及其服务标准化的问题，主要包括：①对网格系统的本质功能进行定义、描述和分解，以增强网格系统的可重用性、可配置性和易用性；②采用面向服务的体系结构，通过定义服务结构接口提供网格服务，从而方便对网格服务进行访问和组合；③融合 Web 服务标准，继承 Web 服务的跨平台、松耦合和基于消息传递等特点。这直接推动了 OGSA 和开放网格服务基础设施（Open Grid Service Infrastructure，OGSI）的制定与发布。OGSA 模型如图 3.12 所示。

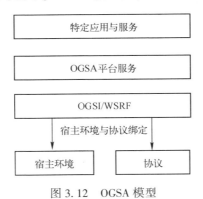

图 3.12　OGSA 模型

OGSA 模型中的每一层都清晰地定义了相应的功能，其核心层是 OGSI 和 OGSA 平台服务。OGSI 后来发展成为 Web 服务资源框架（Web Services Resource Framework，WSRF），标志着原本侧重科学活动的网格计算开始转向面向服务的信息网格。OGSI/WSRF 为网格系统提供用来描述和发现服务属性、创建服务实例、管理服务生命周期、管理服务组及发布和订阅服务通知等的标准接口，支持创建、管理网格服务及网格服务之间的信息交换。OGSA 基于 OGSI/WSRF 创建了一套标准的服务，包括策略服务、注册服务、服务级别管理及其他网格服务，从而在构建网格系统时可以实现代码重用和组件互操作。高层应用与服务使用这些底层的平台核心组件，可以构建用于共享资源与协同工作的网格应用。

以网格服务为核心的模型具有以下优势：①由于网格环境中所有的组件都是虚拟化的，因此通过提供一组相对核心的接口，所有的网格服务都基于这些接口实现，容易构造出具有层次结构的、更高级别的服务，这些服务可以跨越不同的抽象层次，以一种统一的方式来看待；②虚拟化使将多个逻辑资源实例映射到相同的物理资源上成为可能，在对服务进行组合时不必考虑具体的实现细节，可以以底层资源为基础，在虚拟组织中进行资源管理，通过网格服务虚拟化，将通用的服务语义和行为无缝地映射到本地平台的基础设施上。

3.5.3 云计算

1. 云计算的内涵

进入 21 世纪，随着计算机技术、网络技术和信息技术的迅猛发展，云计算作为当前的前沿技术受到学术界和工业界的广泛关注，已成为计算技术发展的主流方向。2006 年 8 月 9 日，时任 Google 首席执行官埃里克·施密特（Eric Schmidt）在搜索引擎大会上首次提出"云计算"（Cloud Computing）的概念。

云计算是当前计算模型的一次重要革新，它是并行计算、分布式计算和网格计算等概念的集成实现。云计算运用虚拟化技术、网络存储技术等将分布在世界各地的计算资源、存储资源、网络设备等大量的软硬件资源联合起来，抽象整合为虚拟的共享资源池，将计算任务分布在资源池中，使各种应用系统能够按需获取所需的计算能力、存储空间和各种软件服务。它能够提供动态资源池、虚拟化和高可用性的计算平台、数据中心、网络服务和软件服务，为大量用户提供各种类型的云服务。用户根据自己的服务需求通过按需付费的方式购买任意规模的云服务。在云计算环境下，用户不必建立自己的数据中心、购买昂贵的软硬件设施。这种按需付费的方式不仅降低了用户的资源使用成本，也降低了资源部署成本。同时，对云计算系统的用户来说，他们不需要知道资源的具体部署位置就能够使用几乎无限的云计算资源。云计算中的"云"，是指计算设施不在本地，而在网络中，用户不需要关心它们所处的具体位置，于是用一朵"云"来代替。云计算模式的形成由来已久，但只有当宽带网络普及到一定程度，网格计算、虚拟化、SOA 和容错技术等成熟到一定程度并融为一体时，它才能发展成熟并具有成功的应用案例。

2．云计算的特点

云计算是分布式计算、并行计算、网络存储、虚拟化、负载均衡、热备份冗余等传统计算机和网络技术发展融合的产物。云计算有如下几个特点。

（1）超大规模。云计算具有相当大的规模。例如，Google 的云计算拥有几百万台服务器，其他 IT 公司如 Amazon 和 IBM 等也拥有相近数量的服务器。

（2）虚拟化。云计算在任意位置通过云端为云用户提供各种终端服务，而云用户并不知道所获取服务的具体位置，对他们来说，资源是完全透明的。

（3）高可靠性。云计算比单一计算机更可靠，其主要采用多副本容错、计算节点同构等措施来保障服务的高可靠性。

（4）通用性。云计算支撑千变万化的应用服务，而不局限于特定的应用。

（5）高可伸缩性。云计算具有动态的高可伸缩性，可以满足日益增长的应用需求和用户需求。

（6）按需服务。云计算具有庞大的资源池，用户可以按需购买。

（7）极其廉价。云计算的自动化管理使管理成本大幅降低，同时云计算的公用性和通用性使资源的利用率大幅提升。

3．云计算的发展历程

云计算的发展历程大致可以分为 5 个阶段：前期积累阶段、云服务初现阶段、云服务形成阶段、云服务快速发展阶段及云服务成熟阶段。

（1）前期积累阶段（1999 年之前）。在该阶段，虚拟化、网格、分布式、并行计算等技术得到了快速发展并且趋于成熟。在这些技术不断发展的基础上，云计算概念初步形成。云服务的概念和技术不断积累，为云计算技术的诞生奠定了理论基础。

（2）云服务初现阶段（1999—2006 年）。在该阶段，软件即服务（Software as a Service，SaaS）和基础设施即服务（Infrastructure as a Service，IaaS）两种云服务形式出现并被市场接受。该阶段具有里程碑意义的重大事件有：1999 年 3 月，Salesforce 成立，成为最早的 SaaS 服务商；1999 年 9 月，Loud Cloud 成立，成为最早的 IaaS 服务商；2004 年，Google 发表了关于 Map Reduce 的论文；2005 年，Amazon 推出了亚马逊 Web 服务（Amazon Web Services，AWS）平台。

（3）云服务形成阶段（2006—2009 年）。在该阶段，云服务出现了第 3 种形式，即平台即服务（Platform as a Service，PaaS），IT 企业、电信运营商、互联网企业等纷纷推出云服务。该阶段具有重要意义的主要事件有：2007 年 11 月，IBM 首次发布云计算商业解决方案，推出"蓝云"计划；2007 年，Salesforce 发布了世界上第一个 PaaS 应用 Force. com；2008 年 4 月，Google 推出了 Google App Engine。

（4）云服务快速发展阶段（2009—2015 年）。在该阶段，云计算的功能日趋完善，种类日趋多样；传统企业通过自身能力扩展、收购等模式纷纷投入云服务领域。

（5）云服务成熟阶段（2015 年之后）。经过一段时间的快速发展，云计算很快进入成熟阶段，具体表现为：通过深度竞争，逐渐形成主流平台产品和标准；产品功能比较完善，市场格局相对稳定；云服务增速放缓。

4. 云计算的部署模式

根据服务对象和范围的不同，云计算被划分为 4 种部署模式：公共云、私有云、社区云和混合云。

（1）公共云（Public Cloud）。当某个组织面向外部企业和个人提供云服务时，对应的云计算称为公有云。其最大的优点是：云提供商能够为云用户提供物理基础设施、软件运行环境、应用程序等 IT 资源的维护、安装及管理部署。公有云是对算力和存储时间有较高要求的突发性应用的最佳选择，并且公有云的用户不知道共享资源的其他用户，资源对用户来说是透明的。目前公有云面临的最大问题是存在安全风险，即数据未存储在云提供商可控制的数据中心，而且公有云的可用性存在风险。

（2）私有云（Private Cloud）。私有云是指只在单一组织内部使用的云，其拥有云中心设施，包括网络、硬盘、中间件和服务器等资源，并掌管所有应用程序，为用户使用云服务设置权限等，其数据安全性、系统可用性由组织自身控制。私有云区别于传统的数据中心的特点是：将各种 IT 资源整合、标准化，并通过策略驱动进行自动化部署和管理。私有云的使用者多为拥有众多分支机构的大型企业或政府部门，其最大的缺陷是投资（尤其是一次性的建设投资）较大。

（3）社区云（Community Cloud）。社区云是更大范畴内的公有云的一个组成部分，它的基础设施被几个组织所共享，以支持具有某个共同需求的社区。社区云可以委托第三方进行管理，可以由组织自行管理。社区云可以说是市场化的产物。近年来企业间的合作趋势显著，社区云是由多家企业共同构建的理想合作平台。

（4）混合云（Hybrid Cloud）。混合云即将公有云和私有云结合在一起。混合云平台将私有云上运行的软件应用程序包和公有云上运行的应用程序联系起来，其所提供的服务既可以供他人使用，也可以供自己使用。

5. 云计算的服务层次

云计算所体现的理念是"一切即服务"（XaaS）。云计算一般包括软件即服务、平台即服务和基础设施即服务 3 个层次，如图 3.13 所示。

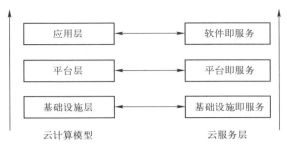

图 3.13　云计算服务的 3 个层次

（1）软件即服务在应用层实现云计算，软件厂商将应用软件统一部署在服务器或服务器集群上，通过互联网提供给用户。用户也可以根据自己的实际需要向软件厂商定制或租用适合自己的应用软件。

（2）平台即服务是一种公用计算模式，其将 CPU、网络、内存、磁盘空间、数据中心架构、操作系统及支撑应用（如数据库）抽象为"平台"，作为服务交付给用户。用户在服务提供商提供的基础架构上开发程序，并通过网络传输给其他用户。

（3）基础设施即服务将计算机基础设施（通常是平台的虚拟化环境）作为服务交付给用户。数据中心、网络及服务器等作为基础设施提供给用户，以满足用户对计算资源的爆炸性需求。

集群计算、网格计算与云计算对比如表 3.3 所示。

表 3.3　集群计算、网格计算与云计算对比

对比项	集 群 计 算	网 格 计 算	云 计 算
适用对象	商用计算机	高端计算机（服务器、集群）	商用计算机、高端计算机、网络存储
规模/台	100	1000	100~1000
操作系统	Linux、Windows	主要为 UNIX	虚拟机上可运行多个操作系统
所有量	单个	多个	单个
网络与速度	专用网络，低时延、高带宽	通常为 Internet，高时延、低带宽	专用高端网络，低时延、高带宽
安全与隐私	传统口令登录，隐私保护依赖用户权限的设定	基于公钥/私钥用户账户的认证和映射，提供有限的隐私支持	每个应用程序都配置一台虚拟机，提供高级安全隐私保障，支持文件级访问控制
发现	成员服务	集中索引和分散式信息服务	成员服务
服务协商	有限	有，基于服务级别协议	有，基于服务级别协议

对比项	集群计算	网格计算	云计算
用户管理	集中	分散，基于虚拟组织	集中，也可以委托给第三方
资源管理	集中	分散	集中/分散
分配与调度	集中	非集中	集中/非集中
标准与互操作	基于虚拟接口	开放网格论坛标准	Web 服务（如 ISOAP、IREST）
是否为单一系统镜像	是	否	是，可选
能力	固定、自隔离	可变，但是隔离	按需供给
失效管理（自愈合）	有限（重启任务/应用程序）	有限（重启任务/应用程序）	能够很好地支持失效容错和内容复制，虚拟机很容易从一个节点迁移到另一个节点
服务定价	有限、非开放市场	主要是内部定价	效用定价机制
互联	一个机构内部多集群	有限	有潜力，第三方解决方案可以把不同的云服务进行松耦合
应用驱动	科学、商业计算、数据中心	科学、高吞吐量、大容量计算	动态供给传统的 Web 应用、内容分发
构建第三方应用服务	有限	有限，主要面向科学计算	有潜力，通过动态供给计算、存储、应用服务创建新服务，组合成云提供给用户

3.6　本章小结

开放架构是开放式体系结构的简称，其具有位置透明性、可移植性、可伸缩性、互操作性和异构系统兼容性等优势，为体系集成提供了核心技术支撑。本章总结了开放架构的发展历程，从软件和硬件两个层面分析应用较为广泛、影响较大的相关技术、标准、规范和指南。在软件层面，开放架构的典型技术包括三大类：分布式组件架构、发布/订阅系统和 DDS、SOA 与 Web 服务。本章分别介绍了它们的技术特点、相关标准和适用范围等。在硬件层面，支持开放架构的技术经历了"分布式计算—集群计算—网格计算—云计算"几个发展阶段，本章主要介绍了集群计算、网格计算和云计算的发展概况。

第 4 章

军事信息系统空间集成数据模型

● ● ● ● ● ● ● ●

军事信息系统由各种分布在各处的平台、武器、指控、火控、电子对抗等异构设备和子系统组成。各设备和子系统拥有不同格式、不同语义的数据，为了实现军事信息系统的综合集成，要求对这些数据进行统一表示和规范操作。为了解决数据统一描述和表达的问题，本章提出了空间集成数据模型（Spatial Integration Data Model，SIDM），对该模型的对象进行形式化描述和代数操作描述，为军事信息系统数据共享奠定数据表示、描述和操作基础。

4.1 空间集成数据模型概述

军事信息系统需要将各种分布在各处的平台、武器和子系统进行综合集成，实现跨领域、跨地域、跨应用系统的数据交互。从应用上看，军事信息系统允许不同设备厂商提供的、运行在不同的系统和平台上的异构应用软硬件之间实现数据互操作，能够屏蔽系统和平台之间的差异，这就要求采用一种具有动态性、灵活性的数据模型。如何将异构平台不同格式、不同语义的数据进行统一表示和规范操作，将网络环境中众多的数据按照军事信息系统的需求进行有机集成，实现数据之间的无障碍交互协作，是综合集成必须解决的问题。

军事信息系统主要解决数据的多样性、异构性问题。数据多样性处理的理想状态是能够达到动态性要求，即能够动态地对数据和元数据进行描述、加载、解析，支持动态数据重构，满足数据请求的多样性需求，并准确、全面地获取关联信息。解决军事信息系统中数据的多样性和异构性问题最常用的方法之一是提供一个集成数据模型，它具有自描述能力、统一的表示形式和代数操作，能够描述各种异构数据的抽象结构、具体表示和相互关系，提供原子数据、组合数据的元数据描述，屏蔽数据在结构格式、句法上的异构性，兼容已有的数据格式、复杂的数据类型，支持各种具有不同语法和格式的数据结构模型，使军事信息系统中协同作战单元的各种数据按照统一的模型和规范进行分类、处理、表示，形成统一、标准、科学的数据表示标准与操作规范。集成数据模型应该满足三方面的要求：能比较真实地模拟现实世界；容易被人们理解；便于在计算机上实现。

在动态系统集成中，集成数据模型应尽可能简单，不同数据源之间的数据模型应易于相互转换，并且独立于数据在各数据源中的存储方式，能够适应数据源的动态加入和退出，能够表示缺少属性值的对象。建立在集成数据模型基础之上的数据操作应该能方便地表述各数据源的数据含义和处理过程，支持和处理面向集合的语句。目前，国际上有一些组织致力于数据概念模型的标准化工作，试图通过对各个数据资源的统一抽象和概括，为分布式集成提供通用的、统一的概念模型，找到能够实现数据共享的集成数据模型。

美国斯坦福大学与 IBM Almaden 研究中心提出的对象交换模型（OEM）是一种自描述数据模型，适合表示松散或结构不固定的半结构化数据，用于异构数据集成。在 OEM 中，数据由一组对象表示，OEM 对象可表示为<label，oid，type，value>，称为对象描述子。OEM 数据可以用图的形式来表示，图中的节点表示对象，节点之间的边用标签进行标记，所有的标记集合用 A 来表示，因此 OEM 半结构数据的图形表达形式为：$G=<V，E，r，v>$。其中，V 表示图中所有节点的集合，根据表达对象类型的不同，可以分为复杂类型节点 V_c 和原子类型节点 V_a；E 表示节点之间的关系；r 为图的根节点，OEM 允许一幅图中有多个根节点；$v:V_a \rightarrow D$ 表示映射关系，为原子类型节点赋值，D 表示原子类型节点的集合。

东南大学提出的基于带根连通有向图的对象集成模型（OIM），以 OIM 对象代数作为查询语言的数学基础。对象的描述子表示为四元组<OID，n，t，c>。其中，OID 表示对象标识符；n 表示对象名；t 表示对象类型；c 表示对象值。t 除了表示基本数据类型，还可以表示集合数据类型、可变长数据类型和引用类型。OIM 包括 6 种对象操作，分别是对象并、对象差、对象选择、对象投影、对象粘贴和对象切削。其中，对象并和对象差不同于关系代数的相应运算，参与运算的两个 OIM 对象可以不相容，即具有不同数目的子对象和不同的子对象取值。对象的图表示可以出现环路，能够灵活应用于异构多源数据的集成。对象选择可以从一个异构的 OIM 对象中选出所有满足条件的亲子对象。对象粘贴操作专为异构多源数据的集成而设计，可以将一个 OIM 对象的某个子对象粘贴到另一个 OIM 对象的指定点，使灵活的数据集成成为可能。对象切削操作在给定 OIM 对象的所有亲子对象中，沿指定路径去除从路径终点出发的子对象。对于没有预知模式的数据源，如 HTML 文件，用户很难了解超文本链的详细结构，对象切削操作通过在 OIM 对象中去除已知部分得到未知部分，给异构数据源的集成带来了极大的方便。

虽然 OEM 和 OIM 为分布式系统的数据共享提供了方便，但由于它们面向的对象是普通的分布式系统，并没有结合扩展性和通信量等特点，因此在系统的数据共享方面有不足之处，主要表现为：没有考虑对象标记的语义关系；没有完整的代数操作定义；对于同层次对象的描述没有明确的表达顺序；对表达属性–值的对象的支持不够；未对数据共享需要的整体结构规范进行统一；不能从数据格式、数据句法、语义上对数据进行统一的表示和操作；数据的重构性、扩展性不足。

本章结合 OEM 和 OIM 的优点，采用空间数据结构描述和表达各类数据之间及各类数据内部的数据项之间的特征关系，构建空间集成数据模型，描述空间集成数据模型的代数操作，为系统更高层数据获取、处理应用提供数据表示、描述和操作基础，起到系统元数据的作用。

4.2　空间集成数据模型的对象描述

军事信息系统包含的武器、传感器、子系统等种类繁多，结构各异，操作差别大，主要体现在两个方面。一是数据结构差别大，有结构化数据，如战术数据库数据、目标数据库数据等；有非结构化数据，如声呐阵元域数据、视频/音频流数据等；有半结构化数据，如声呐目标数据、声呐噪声数据、雷达目标数据及其他 XML 格式的数据等。二是不同数据的操作方式各有不同。在对不同类型的声呐探测数据或对声呐探测数据与鱼雷探测数据进行融合时，需要提取不同数据类型的相关数据项；在各个单元之间进行通信时，为了节省通信信道，通常将几种异构的二维平面数据结构（如导航数据、声呐目标数据等）重构成三维空间的数据结构，然后进行通信。因此，需要建立一种能够描述、表示结构化数据、非结构化数据和半结构化数据的统一数据集成模型，该模型的对象不仅能够实现对象并、对象差、对象选择、对象投影、对象粘贴和对象切削等代数操作，还能够支持各种不同数据类型的灵活重构和扩展。

为满足军事信息系统的数据集成要求，本章建立了一个空间集成数据模型。在该模型中，数据对象的结构可以分为 4 类：点状结构、线状结构、面状结构和构造结构。图 4.1 为空间集成数据模型的数据对象结构。

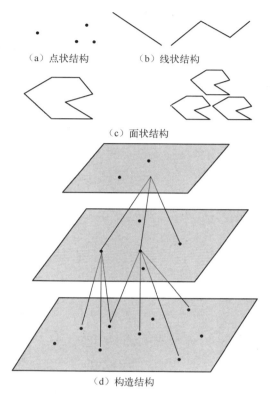

（a）点状结构　（b）线状结构

（c）面状结构

（d）构造结构

图 4.1　空间集成数据模型的数据对象结构

空间集成数据模型的数据对象以基本数据类型对象和复杂数据类型对象来表示，定义如下。

α：0 维（0D）空间对象集合。α：0 维（0D）空间对象元素，即基本数据类型（Atom），代表 point 对象，主要包括 NUMBER、REAL、INTEGER、STRING、BOOLEAN、BINARY 等。

β：1 维（1D）空间对象集合。β：1 维（1D）空间对象元素，即简单数据类型（Simple），可以是 line、string 或 points 对象，其在基本数据类型的基础上修饰而成，各个关键字对上下界分别有不同的规则和限制，这些规则和限制都隐含在空间数据结构的语义约束中，保证在数据交换中语义的一致性。

γ：2 维（2D）空间对象集合。γ：2 维（2D）空间对象元素，即聚合数据类型（Integrate），可以是 region 或 regions 对象，其在简单数据类型的基础上修饰而成，具有相应的关键字，是简单数据类型的线性集合。

ε：3 维（3D）空间对象集合。ε：3 维（3D）空间对象元素，即构造数据类型，可以是 point、line、string、Constructing 对象。构造数据类型由属于不同的元语句的基本数据类型、简单数据类型或聚合数据类型构造而成，是具有特定语义的数据类型。

针对空间各数据对象之间具有以下关系：

$\beta \supseteq \alpha = \{\alpha_1, \alpha_2, \cdots\}$；

$\gamma \supseteq \beta = \{\beta_1, \beta_2, \cdots\}$；

$\varepsilon \supseteq (\gamma \vee \beta \vee \alpha) = \{\{\gamma_1, \gamma_2, \cdots\} \vee \{\beta_1, \beta_2, \cdots\} \vee \{\alpha_1, \alpha_2, \cdots\}\}$。

不同类型数据对象的描述形式各不相同，具体的语法描述如下。

```
SIDM: Atom | Simple | Integrate | Constructing
Atom: <label, oid, type, value>
Simple: <label, oid, type, a-oid-list>
Integrate: <label, oid, type, s-oid-list>
Constructing: <label, oid, linktype, ref-oid-list>
```

其中，oid 是唯一的对象标识符；label 为对象代表的含义；type 为对象类型，对于基本对象，type 表示模型允许的基本数据类型，对于复杂对象，type 表示集合数据类型；value 是基本数据类型的值；复杂对象值 a-oid-list、s-oid-list 和 ref-oid-list 为一组 <rank, oid> 列表，代表该对象所包含的子对象集合。a-oid-list 有 rank::0 | 1，当 rank 的值为 0 时，表示子对象是基本数据类型；当 rank 的值为 1 时，表示基本数据类型的系列。s-oid-list 有 rank::0 | 1 | 2，当 rank 值为 0 时，表示子对象是基本数据类型；当 rank 的值为 1 时，表示基本数据类型的系列；当 rank 的值为 2 时，表示简单数据类型的线性系列。ref-oid-list 有 rank::0 | 1 | 2 | 3 | 4，当 rank 的值为 0 时，表示子对象是基本数据类型；当 rank 的值为 1 时，表示基本数据类型的系列；当 rank 的值为 2 时，表示简单数据类型的线性系列；当 rank 的值为 3 时，表示聚合数据类型的系列；当 rank 的值为 4 时，表示简单数据类型（基本数据类型）和聚合数据类型系列的组合。根据 Constructing 链接的类型，引用对象的类型可以分为内部引用和外部链接，其中外部链接包括简单链接和扩展链接。因此，空间集成数据模型定义了 3 种引用类型：inner、simple 和 extended，分别表示内部引用、简单链接和扩展链接。链接类型为 inner 的引用对象的取值为引用对象的 oid；链接类型为 simple 和 extended 的引用对象的取值类似复杂对象的取值，为一组 oid 列表，表示该引用对象所包含的子元素、属性及字符数据。

4.3 空间集成数据模型的代数操作

SIDM 的对象描述形式表示为 $S = ((V, V_{root}), E, A, Rule, Ref, EAstr)$。其中，

$V = \{v_1, v_2, \cdots, v_n\}$ 是 V_{root} 有限元素的集合，$v_i (1 \leq i \leq n)$ 是数据集合中的元素；

$E = \{e_1, e_2, \cdots, e_n\}$ 是边的集合，$e_i (1 \leq i \leq n)$ 是数据关系边集合中的元素；

$A = \{a_1, a_2, \cdots, a_n\}$ 是属性的集合，$a_i (1 \leq i \leq n)$ 是数据集合中的属性；

$Rule(V)$ 是数据集合规则的集合；

$Ref(V_1/A_1, V_2/A_2)$ 是数据集合中的引用关系；

$EAstr$ 是 V 到 A 的幂集的映射。

根据代数对象描述模式写出的数据都是该模式的具体实例。假定 NV 是有限元素节点的集合，用一个三元组 $e = (NE, NE, NE)$ 来记录元素节点之间、父子之间及兄弟之间的序关系，对于 $e = (n_p, n_1, n) \in \{(NE, NE, NE)\}$，其含义是对于节点 n，它的父节点是 n_p，左兄弟是 n_1；如果 n 没有左兄弟，则 $n_1 = n_p$。$[n_1, n_2, \cdots, n_k]$ 是 n_p 的所有子节点按照从左到右的顺序组成的序列，记为 $Extend(n_p)$。$Extend(n_p) \in \{(NE, NE, NE)\}^*$，是由正则表达式 $Rule(n_p)$ 推导出来的一个序列，记为 $Extend(n_p) \Leftarrow Rule(n_p)$。

SIDM 数据集合实例表示为 $ES = (NV, E_{NV}, NA, Ref_{NV}, NVAstr, root)$。其中，

NV 是有限元素节点的集合，存在 $lab: NV \rightarrow E$；

NA 是有限属性节点的集合，存在 $att: NA \rightarrow A$；

$E_{NV} \subseteq \{(NV, NV, NV)\}$，对于任何 $Extend(n_p) \in E_{NV}^*$，都有 $Extend(n_p) \Leftarrow Rule(n_p)$；

$Ref_{NV} \subseteq \{(NV/NA, NV/NA)\}$，对于 $\forall (nv_1/na_1, nv_2/na_2) \in Ref_{NV}$，都有 $(lab(nv_1)/att(na_1), lab(nv_2)/att(na_2)) \in Ref$；

$NVAstr \subseteq \{(NV, NA)\}$，对于 $\forall (n_1, n_2) \in NVAstr$，都有 $att(n_2) \in EAstr(lab(n_1))$；

$root \in NV$，存在 $Lab(root) \in V_{root}$。

数据集成是一系列不同类型（或异构）的数据集合在一起的过程，因此将对数据对象的操作作为不同数据集合的集成规则。对于给定的 $S_1 = (NV_1, E_{NV1}, NA_1, Ref_{NV1}, NVAstr_1, root_1)$，$S_2 = (NV_2, E_{NV2}, NA_2, Ref_{NV2}, NVAstr_2, root_2)$，$\cdots$，$S_n = (NV_n, E_{NVn}, NA_n, Ref_{NVn}, NVAstr_n, root_n)$ 是 n 个同构或异构数据，根据 Rule 规则集合，则有 $S = (NV, E_{NV}, NA, Ref_{NV}, NVAstr, root)$，这个过程称为数据重构。

SIDM 支持 OIM 提供的 6 种对象操作，同时支持扩展 OEM 的对象交、对象包含两种代数操作，分别介绍如下。

（1）对象并：对象 O_1 和 O_2 的并记作 $O_1 \oplus O_2$，$O_1 \oplus O_2$ 的亲子对象集是 O_1 和 O_2 的亲子对象集的并。

设 $O_1 = (r_1, V_1, E_1)$，$O_2 = (r_2, V_2, E_2)$，则 $O_1 \oplus O_2 = (r, V, E)$。其中，

$V = \{ v_i \mid v_i \in (V_1 - \{r_1\}) \vee v_i \in (V_2 - \{r_2\}) \vee v_i = r\}$；

$E = \{e_i \mid e_i \in (E_1 - \{\langle r_1, v_m \rangle\}) \vee e_i \in (E_2 - \{\langle r_2, v_n \rangle\}) \vee e_i = \langle r, v_m \rangle \vee e_i = \langle r, v_n \rangle \wedge \langle r_1, v_m \rangle \in E_1 \wedge \langle r_2, v_n \rangle \in E_2\}$。

（2）对象差：对象 O_1 和 O_2 的差记作 $O_1 \ominus O_2$，$O_1 \ominus O_2$ 的亲子对象集是 O_1 和 O_2 的亲子对象集的差。

设 $O_1 = (r_1, V_1, E_1)$，$O_2 = (r_2, V_2, E_2)$，则 $O_1 \ominus O_2 = (r, V, E)$。其中，

$V = \{v_i \mid (v_i \in v(\mathrm{MCG}(O_1, v_m)) \vee v_i = r) \wedge \langle r_1, v_m \rangle \in E_1 \wedge \neg \exists v_n (\langle r_2, v_n \rangle \in E_2 \wedge \mathrm{MCG}(O_1, v_m) = \mathrm{MCG}(O_2, v_n))\}$；

$E = \{e_i \mid (e_i \in e(\mathrm{MCG}(O_1, v_m)) \vee e_i = \langle r, v_m \rangle) \wedge \langle r_1, v_m \rangle \in E_1 \wedge \neg \exists v_n (\langle r_2, v_n \rangle \in E_2 \wedge \mathrm{MCG}(O_1, v_m) = \mathrm{MCG}(O_2, v_n))\}$。

（3）对象选择：按照一定的条件 f（f 为布尔函数，表示选择条件），在给定对象 $O_1 = (r_1, V_1, E_1)$ 中选取根 r_1 的若干亲子对象，用公式表示为 $\sigma[f](O_1) = (r, V, E)$。其中，

$V = \{v_i \mid (v_i \in v(\mathrm{MCG}(O_1, v_m)) \vee v_i = r) \wedge \langle r_1, v_m \rangle \in E_1 \wedge f(\mathrm{MCG}(O_1, v_m))\}$；

$E = \{e_i \mid (e_i \in e(\mathrm{MCG}(O_1, v_m)) \vee e_i = \langle r, v_m \rangle) \wedge \langle r_1, v_m \rangle \in E_1 \wedge f(\mathrm{MCG}(O_1, v_m))\}$。

（4）对象投影：在给定对象 $O_1 = (r_1, V_1, E_1)$ 中的所有亲子对象中，沿指定路径集 $\{p_1, p_2, \cdots, p_k\}$ 选取从路径终点出发的子对象，表示为 $\Pi[p_1, p_2, \cdots, p_k](O_1) = (r, V, E)$。其中，

$V = \{v_i \mid (v_i \in (\mathrm{nodes}(p_j) - \{r_1\}) \vee v_i \in v(\mathrm{MCG}(O_1, \mathrm{end}(p_j)) \vee v_i = r) \wedge j \geq 1 \wedge j \leq k\}$；

$E = \{e_i \mid (e_i \in e(\mathrm{MCG}(O_1, \mathrm{end}(p_j))) \vee e_i \in (p_j - \{\langle r, v_m \rangle\}) \vee e_i = \langle r, v_m \rangle) \wedge \langle r_1, v_m \rangle \in p_j \wedge j \geq 1 \wedge j \leq k\}$。

（5）对象粘贴：规定粘贴对象 O_1 为基本对象，按照一定的条件 f，在基本对象的某点 p_1 粘贴其他对象 O_2 的某点 p_2 的子对象。

设对象 $O_1 = (r_1, V_1, E_1)$，$O_2 = (r_2, V_2, E_2)$，p_1 和 p_2 是原始路径表达式，$\mathrm{end}(p_1)$ 是 O_1 的非叶节点，表示 O_1 中的粘贴点，$\mathrm{end}(p_2)$ 表示 O_2 的选取点，f 是粘贴条件。在 O_1 和 O_2 的亲子对象满足条件 f 的情况下，将 O_2 中 $\mathrm{end}(p_2)$ 节点的所有亲子对象粘贴到 O_1 中，作为 $\mathrm{end}(p_1)$ 节点的亲子对象的操作，用公式表示为 $O_1 \otimes [p_1, p_2, f] O_2 =$

(r,V,E)。其中，

$$V=\{v_i \mid (v_i \in (V_1-\{r_1\}) \vee v_i \in v(O_j) \vee v_i=r) \wedge f(\mathrm{MCG}(O_1,\mathrm{end}(p_1)),\mathrm{MCG}(O_2,$$
$$\mathrm{end}(p_2)) \wedge O_j \in \mathrm{son}(\mathrm{end}(p_2)) \wedge \forall p_m (\neg \exists p_n(p_m 是 O_2 中的路径 \wedge p_n 是 O_1 中的路径$$
$$\wedge \mathrm{begin}(p_m)=\mathrm{end}(p_2) \wedge \mathrm{begin}(p_n)=\mathrm{end}(p_1) \wedge \mathrm{end}(p_m)=v_i \wedge p_m 与 p_n 是同类路径)\};$$

$$E=\{e_i \mid (e_i \in (E_1-\{\langle r_1,v_m\rangle\}) \vee e_i=\langle r,v_m\rangle \vee e_i=(\mathrm{end}(p_1),v_n) \vee e_i \in$$
$$e(\mathrm{MCG}(O_2,v_n)) \vee e_i=\langle v_k,v_1\rangle \vee e_i \in e(\mathrm{MCG}(O_2,v_1))) \wedge f(\mathrm{MCG}(O_1,\mathrm{end}(p_1)),$$
$$\mathrm{MCG}(O_2,\mathrm{end}(p_2)) \wedge \langle r_1,v_m\rangle \in E_1 \wedge v_n \in \mathrm{son}(\mathrm{end}(p_2)) \wedge v_n \notin \mathrm{son}(\mathrm{end}(p_1)) \wedge v_k \in$$
$$v(\mathrm{MCG}(O_1,\mathrm{end}(p_1)) \wedge v_1' \in v(\mathrm{MCG}(O_2,\mathrm{end}(p_2)) \wedge \exists p_s(p_s 是 O_1 中的路径 \wedge$$
$$\mathrm{begin}(p_s)=\mathrm{end}(p_1) \wedge \mathrm{end}(p_s)=v_k) \wedge \exists p_t(p_t 是 O_2 中的路径 \wedge \mathrm{begin}(p_t)=\mathrm{end}(p_2) \wedge$$
$$\mathrm{end}(p_t)=v_1') \wedge p_s 与 p_t 是同类路径 \wedge v_1 \in \mathrm{son}(v_1') \wedge v_1 \notin \mathrm{son}(v_k)\}。$$

（6）对象切削：在给定的对象 $O_1=(r_1,V_1,E_1)$ 的所有亲子对象中，沿指定路径集 $\{p_1,p_2,\cdots,p_k\}$ 去除从路径终点出发的子对象，表示为 $\overline{\Pi}[p_1,p_2,\cdots,p_k](O_1)=(r,V,E)$。其中，

$$V=\{v_i \mid (v_i \in (\mathrm{nodes}(p)-\{r_1\}) \vee v_i \in v(\mathrm{MCG}(O_1,p)) \vee v_i=r) \wedge \exists p(p 是原始路径 \wedge p \notin (p_j^+ \cup \mathrm{front}(p_j))) \wedge j \geqslant 1 \wedge j \leqslant k\};$$

$$E=\{e_i \mid (e_i \in e(\mathrm{MCG}(O_1,p)) \vee e_i \in (p-\{\langle r_1,v_m\rangle\}) \vee e_i=\langle r,v_m\rangle) \wedge \exists p \ (p 是原始路径 \wedge p \notin (p_j^+ \cup \mathrm{front}(p_j))) \wedge \langle r_1,v_m\rangle \in p \wedge j \geqslant 1 \wedge j \leqslant k\}。$$

（7）对象交：设对象 $O_1=(r_1,V_1,E_1),O_2=(r_2,V_2,E_2)$，对象交表示为 $O_1 \cap O_2 \rightarrow O(r,V,E)$，其结果的亲子对象集是两个给定对象 O_1 和 O_2 的亲子对象集的交，对象交与对象差是互补的两个操作。其中，

$$V=\{v \mid v \in (V(\mathrm{MC}(O_1,v_m)) \vee v=r \wedge \langle r_1,v_m\rangle \in E_1 \wedge \exists v_n(\langle r_2,v_n\rangle \in E_2 \wedge \mathrm{MC}(O_1,v_m)=\mathrm{MC}(O_2,v_n))\};$$

$$E=\{e \mid e \in (E(\mathrm{MC}(O_1,v_m)) \vee e=\langle r,v_m\rangle \wedge \langle r_1,v_m\rangle \in E_1 \wedge \exists v_n(\langle r_2,v_n\rangle \in E_2 \wedge \mathrm{MC}(O_1,v_m)=\mathrm{MC}(O_2,v_n))\}。$$

$\mathrm{MC}(O_1,v_m)=(V_m,E_m)$ 表示从节点 v_m 出发的最大连通子图。

（8）对象包含：给定两个对象 $O_1=(r_1,V_1,E_1)$，$O_2=(r_2,V_2,E_2)$，以及一组原始路径 $p_1:r_1 \rightarrow v_1,p_2:r_2 \rightarrow v_2,\cdots,p_n:r_n \rightarrow v_n$，沿着这些路径从 O_1 中选择具有和 O_2 同构的子对象的亲子对象集合，当两个对象 O_1 和 O_2 满足条件 $O_2 \subset O_1$（O_2 为 O_1 的子对象）时，可以执行对象包含操作，表示为 $\Psi(O_1,O_2[p_1,p_2] \rightarrow O(V',E',r))$。其中，

$$V=\{v \mid v \in (\mathrm{nodes}(p_k)-\{r_1\}) \vee v \in V(\mathrm{MC}(O_1,\mathrm{end}(p_k))) \vee v=r \wedge k \leqslant 1 \wedge k \geqslant n \wedge \exists v_n(v_n \in V(\mathrm{MC}(O_1,\mathrm{end}(p_k))) \wedge \mathrm{MC}(O_1,v_n)=O_2\};$$

$$E=\{e \mid e \in (p_k-\{\langle r_1,v_m\rangle\}) \vee e=\langle r,v_m\rangle \wedge \langle r_1,v_m\rangle \in E_1 \vee e \in E(\mathrm{MC}(O_1,\mathrm{end}(p_k)) \wedge \exists v_n\{v_n \in V\{\mathrm{MC}(O_1,\mathrm{end}(p_k)) \wedge \mathrm{MC}(O_1,v_n)=O_2\}\}。$$

$\mathrm{MC}(O_1, v_m) = (V_m, E_m)$ 表示从节点 v_m 出发的最大连通子图。

4.4　空间集成数据模型的特点

SIDM 为分布式异构系统的数据共享提供了统一的数据表示与操作规范，给出了具体语法、语义和代数操作的形式化描述，在语法、语义及数据格式三方面实现了统一。因此，与 OEM 和 OIM 相比，SIDM 具有更大的灵活性，适合异构军事信息系统的数据共享，表现如下。

（1）SIDM 描述了模型的抽象结构、具体表示和相互关系，概括抽象并提取了 4 种数据对象类型，能够兼容多种异构的数据结构和复杂数据类型，解决军事信息系统中的数据多样性问题。

（2）SIDM 定义了模型的语义关系和语法表示，能够在不同领域、不同应用和不同学科之间形成统一的数据表示标准和数据操作约定，并运用元数据建立异构系统集成统一的数据模型，以解决现有系统间由于缺乏统一的数据结构约定而导致数据共享、系统间交互困难的问题，同时解决系统中各应用之间在语义层面互操作存在困难的问题。

（3）SIDM 阐述了数据对象的多种代数操作，包括对象并、对象交、对象差等，实现了数据对象的重构，为数据对象的分解、查询和访问奠定了形式化基础。无论两个对象是否相容，都可以执行对象并、对象交、对象差等运算，实现与不同粒度、不同模型（如关系模型、面向对象模型等）的数据之间的映射，在异构系统之间建立了一一映射的连接关系，保证各个异构系统的数据能够按照 SIDM 提供的语法、语义及代数操作被重新组合，并能够准确、完整地重构数据，从而为军事信息系统实现基于条件组合的数据访问提供技术支持。

SIDM 为军事信息系统各个异构的数据源提供了统一的数据描述规则、表示标准和操作规范，同时为更高层数据的按需获取提供了统一的数据集成模型或范式。为了实现军事信息系统的数据共享和更高层数据的按需获取，需满足如下要求。

（1）各个数据源对外数据的描述和表示要符合 SIDM 描述规则与表示标准，这样才能保证与其他数据源进行数据交互时具备统一的数据视图。

（2）对数据源的数据操作要符合 SIDM 的代数操作规范，这样才能保证整个军事信息系统具有统一的数据交互过程和方法。

（3）军事信息系统更高层数据的按需获取和处理应用要以 SIDM 为基础，在 SIDM 规定的范围内描述数据结构、定义语法结构、制定语义操作等，这样才能实现底层数据描述、高层数据获取和处理应用的综合化，实现军事信息系统的数据共享。

4.5 本章小结

军事信息系统需要解决数据多样性、异构性问题，数据多样性处理的理想状态是能够达到动态性要求，即能够动态地对数据和元数据进行描述、加载与解析，支持动态数据重构，满足数据请求的多样性需求，并准确、全面地获取关联信息。为解决数据源之间数据模型的异构性问题，本章在分析 OEM 和 OIM 两种数据模型的基础上，提出了具有层次结构的空间集成数据模型，对该模型的数据对象进行了形式化描述和代数操作描述。该模型在带根连通有向图的数据模型基础上，充分考虑异构数据的层次关系和语法表达的灵活性，能实现与其他数据模型（包括关系模型、面向对象模型）之间的映射，起到元数据的作用，为军事信息系统数据的按需获取和处理应用提供有力的技术支持。

第 5 章

基于发布/订阅机制的军事信息系统数据按需获取方法

5.1 引言

　　军事信息系统要求通过网络通信等技术手段对系统内的全部数据进行统一处理、有机整合，以实现信息的按需获取、共享和最大化运用。军事信息系统的各组成部分具有分布性、异构性和演化性（如独立升级改造、动态加入/退出、功能重组/流程重构）等特性，在数据共享过程中，需要保持系统的这些特性。数据共享要求解决分布性子系统异构数据之间的统一处理、按需共享和最大应用问题，同时保持系统的演化特性。

　　军事信息系统的数据共享分为预设式数据共享和在线式数据共享。预设式数据共享要求在系统中的成员发生升级维护、非运行时刻系统有新成员加入及系统的整体架构发生变化时，能够快速满足系统中成员"即插即用""按需获取"的数据共享和最大化应用需求，并保持系统的静态演化特性。在线式数据共享则要求在系统运行状态下，当出现成员动态加入/退出，正在运行的活动和流程出现动态的结构重置、功能重组和流程重构时，系统能够识别、接收、管理、利用所有成员（含新成员）发布的信息，并且向所有成员提供按需获取的数据服务。

正如第 2 章所述，发布/订阅机制及 DDS（基于发布/订阅机制实现）能够使通信的参与者在空间、时间和控制流上完全解耦，并较好地解决在不可靠网络环境中通信时数据的自动发现及数据传输的实时性、可靠性和冗余性等问题；能够很好地满足军事信息系统分布式通信和数据共享的需求，使系统合理地配置和利用信息资源，满足系统中成员"即插即用""按需获取"的数据共享需求；能够很好地适应系统成员的动态加入/退出，满足系统使用过程中复杂多变的数据信息流需求。本章首先阐述一种基于 DDS 的预设式数据共享中间件和相应的接口；然后论述基于发布/订阅机制的数据共享平台，该平台能够支持系统中动态演化的数据按需共享。

5.2 预设式数据共享中间件

军事信息系统的数据共享通过中间件或集成平台实现。基于 DDS 的预设式数据共享中间件要求获得系统中的所有数据主题（Topic），通过接口定义语言（IDL）表示，并对所有的数据主题进行统一管理，为各个成员的应用构件提供按需获取的数据服务。在研制开发应用构件的过程中，各个成员要了解自己所要发布和订阅的数据主题，并且按照 DDS 的接口规范来实现与预设式数据共享中间件的信息交互。

5.2.1 数据共享中间件结构

预设式数据共享中间件符合 DDS 规范，遵循实时发布-订阅（Real-Time Publish-Subscribe，RTPS）协议。OMG 制定的 DDS 规范描述了 DDS 两个层次的接口，分别是 DCPS 层和 DLRL 层。DCPS 层是 DDS 规范的核心内容，该层定义了 DDS 的发布/订阅模型，能够根据主题和 QoS 约束将数据发布者的信息高效地传递给数据订阅者。DLRL 层是基于 DCPS 层的可选层，该层定义了应用层与DCPS 层之间的接口，负责整理应用构件与 DCPS 层之间的交互数据，简化应用层的编程过程。

DDS 规范中没有规定消息交换所使用的协议，为了让不同开发者开发的DDS 中间件能够进行互操作，OMG 定义了 RTPS 协议，用于描述 DDS 中间件交互的消息格式、消息的解析方式等内容。信息管理软件遵从 DDS 规范和RTPS 协议，实现了 RTPS 层和 DCPS 层的主要功能。数据共享中间件的实现逻辑如图 5.1 所示。

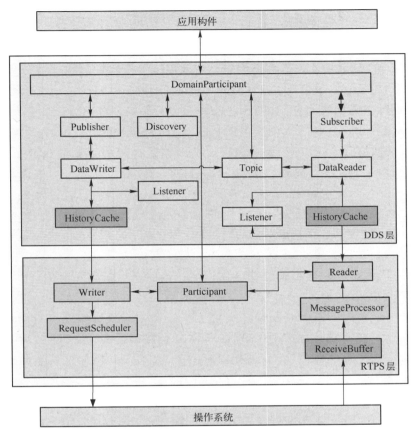

图 5.1　数据共享中间件的实现逻辑

　　数据共享中间件具备发布/订阅、简单发现协议、OMG 定义的 QoS 等基本功能。数据共享中间件分为 DDS 层和 RTPS 层，DDS 层实现了 DCPS 层的概念模型，RTPS 层实现了 RTPS 协议。在 DCPS 层，只有处于同一个数据域的 DDS 实体才可以进行信息交互。DCPS 层的域参与者（DomainParticipant）管理 DDS 应用中一个数据域的所有实体，这些实体包括 Topic、Publisher、Subscriber、DataWriter 和 DataReader。Topic 用于区分不同的发布/订阅数据，发布者和订阅者之间通过关注同一个 Topic 完成信息的交互，关注不同 Topic 的发布者和订阅者之间没有任何联系。Publisher 用于管理域参与者下的所有 DataWriter，DataWriter 与 DDS 应用构件中的发布者一一对应，每个 DataWriter 都绑定了一个主题，发布者通过调用 Data-Writer 提供的接口发送数据。类似地，Subscriber 管理域参与者下的所有

DataReader，DataReader 与 DDS 应用构件中的订阅者一一对应，每个 DataReader 也都绑定了一个主题，DataReader 接收数据之后将数据提交给 DDS 应用构件。

RTPS 层真正实现了消息的收发。RTPS 层的实体是由 DCPS 层的实体一一映射得到的，并添加了用于处理消息的实体 RequestScheduler 和 MessageProcessor。前者用于处理来自 DCPS 层的发送数据请求，后者用于解析收到的数据报文。RTPS 层的域参与者（Participant）与 DCPS 层的 DomainParticipant 对应，功能是管理 RTPS 层一个数据域中的所有实体。RTPS 层的端点分为 Writer 和 Reader，分别与 DCPS 层的 DataWriter 和 DataReader 对应。RTPS 层和 DCPS 层之间通过内存缓冲区 HistoryCache 实现数据共享，DCPS 层将需要发送的数据放在发送端的 HistoryCache 中，RTPS 层将接收到的数据放在接收端的 HistoryCache 中。例如，当应用构件调用 DDS 的 Writer 接口发送数据时，DCPS 层的 DataWriter 会将数据封装为 CacheChange 放到 HistoryCache 中，并通知 RTPS 层的 RequestScheduler 有数据发送请求。RequestScheduler 调度到这个请求后，通过 RTPS 层的 Writer 将 HistoryCache 中的数据取出，并通过网络发送给所有与之匹配的 RTPS 层的 Reader。接收到数据后，Reader 通过回调函数的方式通知 DDS 层的 DataReader 有新数据到达，这样应用构件就可以收取新数据了。

此外，DDS 层的 Discovery 模块实现了服务发现协议（Service Discovery Protocol，SDP）。在发现阶段的 DDS 数据称为内置数据或 DDS 控制报文。内置数据收发的实现依赖 DDS 发布/订阅机制。SDP 定义了一组内置主题类型、内置发布者和内置订阅者。在 SPDP 阶段使用的内置主题类型为 DCPSParticipant，内置发布者用于发布域参与者加入数据域的信息，内置订阅者用于收取其他域参与者的信息。在 SEDP 阶段使用的内置主题类型为 DCPSPublication 和 DCPSSubscription。

数据共享中间件运行时共有 5 个线程，包括主线程、SendTask 线程、ReceiveTask 线程、DispatchTask 线程和 RemoteCheckTask 线程，如图 5.2 所示。主线程是应用组件创建的线程，DDS 应用在此线程中调用 API，完成加入数据域、创建发布者/订阅者、发布数据等操作。SendTask 线程根据调度队列中的发送数据请求，将 HistoryCache 中的对应数据发送至远端的订阅者。ReceiveTask 线程监听网络端口，将接收到的消息写入 ReceiveBuffer。DispatchTask 线程对 ReceiveBuffer 中的 RTPS 报文进行解析，提取出用户数据存入 HistoryCache，并通知主线程的订阅者有新数据待接收，订阅者在回调函数中处理缓冲区提交的数据。RemoteCheckTask 线程负责定期检查已匹配的域参与者的存活情况，根据上次收到域参与者存活信息的时间和用户定义的租期，判断此域参与者是否失效。

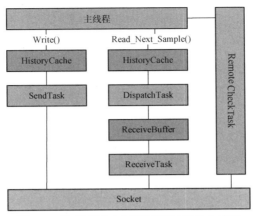

图 5.2　数据共享中间件运行时的 5 个线程

5.2.2　数据共享中间件接口的定义

预设式数据共享中间件遵循 DDS 规范，通过中间件数据域的划分，实现系统内不同领域的子系统、设备在同一网络内并行共享而不会相互干扰。IDL 描述了数据共享中间件的具体数据类型。为了实现系统内的信息交互，数据共享中间件提供了 10 个接口，分别用于初始化 DDS 域、创建主题发布者、转换主题发布者类型、发送数据、删除主题发布者、创建主题订阅者、转换主题订阅者类型、接收数据、删除主题订阅者、退出 DDS 域。具体的接口定义如图 5.3 所示。各个接口的详细信息如表 5.1~表 5.10 所示。

```
//初始化 DDS 域
_RETURNCODE_T DomainInit(_DOMAINID_T domainId, char * compName)
//创建主题发布者
DataWriter * CreateDataWriter(const char * componentName,
                             _DOMAINID_T domainId,
                             const char * topic_name,
                             const char * type_name,
                             DataWriterListener * listener,
                             const _DATA_WRITER_QOS     * qos)
//转换主题发布者类型
XXXXDataWriter * XXXXDataWriter::Narrow(DataWriter * dataWriter)
//发送数据
_RETURNCODE_T XXXXDataWriter::Write(XXXX& data)
//删除主题发布者
```

图 5.3　数据共享中间件接口定义

```
_RETURNCODE_T DeleteDataWriter(DataWriter * aDataWriter)
//创建主题订阅者
DataReader * CreateDataReader (const char * componentName,
                              _DOMAINID_T domainId,
                              const char * topic_name,
                              const char * type_name,
                              DataReaderListener * listener,
                              const _DATA_READER_QOS * qos)
//转换主题订阅者类型
XXXXDataReader * XXXXDataReader::Narrow(DataReader * dataReader)
//接收数据
_RETURNCODE_T XXXXDataReader::Read_Next_Sample(XXXX& receivedData)
//删除主题订阅者
_RETURNCODE_T DeleteDataReader(DataReader * aDataReader)
//退出 DDS 域
_RETURNCODE_T DomainRelease(_DOMAINID_T domainId)
```

图 5.3   数据共享中间件接口定义（续）

表 5.1   初始化 DDS 域接口

接口定义	_RETURNCODE_T DomainInit(_DOMAINID_T domainId, char * compName)		
接口名称	DomainInit		
提供/需求	提供		
简单描述	初始化 DDS 域		
参数说明	名称	类型	简短描述
	domainId	long	所需初始化的 DDS 域的值
	compName	char *	组件名，用以区分不同的应用，一般以本应用名称作为组件名
返回值	DDS 返回值		

表 5.2   创建主题发布者接口

接口定义	DataWriter * CreateDataWriter(const char * componentName, _DOMAINID_T domainId, const char * topic_name, const char * type_name, DataWriterListener * listener, const _DATA_WRITER_QOS * qos)
接口名称	CreateDataWriter
提供/需求	提供
简单描述	创建主题发布者

续表

	名称	类型	简短描述
参数说明	componentName	const char *	组件名
	domainId	long	域值 主题发布者所归属的域,该域必须已经完成初始化
	topic_name	const char *	主题名 在该域中是唯一的
	type_name	const char *	结构体名 主题发布者使用的结构体类型
	listener	DataWriterListener *	该主题数据发布时的监听回调类,可以重载该类,用于实时监听发布的数据 一般设置为 NULL
	qos	const _DATA_WRITER_QOS *	服务策略 用以设置主题发布者的功能
返回值	DataWrite * 创建成功的主题发布者指针		

表 5.3   将创建的主题发布者转换为与其结构体相关的类型接口

接口定义	XXXXDataWriter * XXXXDataWriter::Narrow(DataWriter * dataWriter)		
接口名称	XXXXDataWriter::Narrow		
提供/需求	提供		
简单描述	将创建的主题发布者转换为与其结构体相关的类型		
参数说明	名称	类型	简短描述
	dataWriter	DataWriter *	已创建的主题发布者指针
	XXXXDataWriter		将 XXXX 替换为其使用的结构体名
返回值	类型转换后的主题发布者		

表 5.4   使用 Narrow 类型转换后的对象发送数据接口

接口定义	_RETURNCODE_T XXXXDataWriter::Write(XXXX& data)		
接口名称	XXXXDataWriter:: Write		
提供/需求	提供		
简单描述	使用 Narrow 类型转换后的对象发送数据		
参数说明	名称	类型	简短描述
	data	XXXX&	该主题使用的结构体发送的该类型的数据变量
	XXXXDataWriter		将 XXXX 替换为其使用的结构体名,即类型转换后的主题发布者对象
返回值	DDS 返回值		

表 5.5　删除主题发布者接口

接口定义	_RETURNCODE_T DeleteDataWriter (DataWriter ＊ aDataWriter)		
接口名称	DeleteDataWriter		
提供/需求	提供		
简单描述	删除已创建的主题发布者		
参数说明	名称	类型	简短描述
	aDataWriter	DataWriter ＊	已创建的主题发布者指针
返回值	DDS 返回值		

表 5.6　创建主题订阅者接口

接口定义	DataReader ＊ CreateDataReader (const char ＊ componentName, _DOMAINID_T domainId, const char ＊ topic_name, const char ＊ type_name, DataReaderListener ＊ listener, const _DATA_READER_QOS ＊ qos)		
接口名称	CreateDataReader		
提供/需求	提供		
简单描述	创建主题订阅者		
参数说明	名称	类型	简短描述
	componentName	const char ＊	组件名
	domainId	long	域值 主题发布者所归属的域，该域必须已经完成初始化
	topic_name	const char ＊	主题名 在该域中是唯一的
	type_name	const char ＊	结构体名 主题发布者使用的结构体类型
	listener	DataReaderListener ＊	该主题数据订阅时的监听回调类，需要重载该类，用于实时监听发布的数据，并在该类中对接收的数据进行处理
	qos	const _DATA_READER_QOS ＊	服务策略 用以设置主题订阅者的功能 需要与该主题发布者的 QoS 配置一致
返回值	DataReader ＊创建成功的主题订阅者指针		

表5.7　将创建的主题订阅者转换为与其结构体相关的类型接口

接口定义	XXXXDataReader * XXXXDataReader::Narrow(DataReader * dataReader)		
接口名称	XXXXDataReader::Narrow		
提供/需求	提供		
简单描述	将创建的主题订阅者转换为与其结构体相关的类型		
参数说明	名称	类型	简短描述
	dataReader	DataReader *	已创建的主题订阅者指针
	XXXXDataReader		将 XXXX 替换为其使用的结构体名
返回值	类型转换后的主题订阅者		

表5.8　使用 **Narrow** 类型转换后的对象接收数据接口

接口定义	_RETURNCODE_T XXXXDataReader::Read_Next_Sample(XXXX& receivedData)		
接口名称	XXXXDataReader::Read_Next_Sample		
提供/需求	提供		
简单描述	使用 Narrow 类型转换后的对象接收数据		
参数说明	名称	类型	简短描述
	receivedData	XXXX&	该主题使用的结构体接收的该类型数据变量
	XXXXDataReader		将 XXXX 替换为其使用的结构体名，即类型转换后的主题订阅者对象
返回值	DDS 返回值		

表5.9　删除主题订阅者接口

接口定义	_RETURNCODE_T DeleteDataReader(DataReader * aDataReader)		
接口名称	DeleteDataReader		
提供/需求	提供		
简单描述	删除已创建的主题订阅者		
参数说明	名称	类型	简短描述
	aDataReader	DataReader *	已创建的主题订阅者指针
返回值	DDS 返回值		

表 5.10　退出 DDS 域接口

接口定义	_RETURNCODE_T DomainRelease(_DOMAINID_T domainId)		
接口名称	DomainRelease		
提供/需求	提供		
简单描述	退出已创建的 DDS 域		
参数说明	名称	类型	简短描述
	domainId	long	域值
返回值	DDS 返回值		

5.3　在线式数据共享

在系统的运行过程中，时常发生成员损毁/故障退出、新成员加入，当任务、环境等发生剧烈变化时，系统需要在线动态地进行结构重置、功能重组和流程重构等，以确保系统在运行过程中具有持续的生命力，具备很强的动态演化特性。在这种情况下，对数据共享中间件或数据共享平台而言，难以在研制开发阶段就获得系统运行阶段（长时间不停地运行）的所有数据类型和结构。在系统运行过程中，新类型、新结构的数据不断加入系统，此时数据共享平台需要能够识别、接收、管理、利用所有成员（含新成员）向系统发布的信息，并且能够向所有成员提供按需获取的数据服务，形成在线式数据共享。

为了更好地实现在线式数据共享，先来了解一下国内外对发布/订阅系统的研究情况。目前，国内外对发布/订阅系统的研究有很多，也发布了相应的产品，但是这些产品所面向的对象和目的不同，各具特点，也有共同的特性，主要表现为：产品主要适用于国际互联网络中的各种应用，在事件发布过程中，没有考虑事件的重复性，在事件的订阅过程中，没有考虑事件的实时性，同时系统的数据模型不统一，没有考虑军事信息系统的数据共享特性，更没有考虑军事信息系统动态演化的特性。因此，必须对发布/订阅系统模型进行改进，以便更好地适应军事信息系统内部协同及动态演化的数据共享要求。

发布/订阅系统中最核心的部分是事件的匹配算法。首先，匹配算法与发布事件的组织结构相关，发布事件的组织结构直接影响匹配算法的时间效率和空间效率；其次，匹配算法与事件的匹配过程相关，它直接决定匹配是否成功。在当前的发布/订阅系统中，由于缺乏统一的发布事件描述、表示和操作模型，因此系统对发布事件的组织效率并不高，而且大多数发布/订阅系统都支持复杂语义，导致系统匹配算法的时间效率和空间效率都不高。同时，当前大多数发布/订阅系统的匹配过程基于发布事件驱动的算法，这使事件订阅者对已发布的事件丧失了获取能力，无法满足军事信息系统成员协同的数据共享和按需获取需求。因此，需要根据军事信息系统各成员协同及动态演化的数据按需设计新的匹配算法，从而更好地适应军事信息系统的特征。

5.3.1　综合数据共享模型

为了构建适合军事信息系统各成员协同及动态演化的数据共享平台，应以 SIDM 为基础，基于发布/订阅机制，将大量分布的、异构的、动态的信息源中的信息看成一个整体进行有效整合，并以统一的视图提供给用户使用，建立统一的系统信息描述方式和访问操作规范，实现共享数据到各种信息源本地模式之间的映射，在动态、异构、开放的环境下，为各个成员提供访问异构信息源的统一接口。为此，本节构建了基于发布/订阅机制的信息综合集成平台（Pub/Sub-Based Information Integration Platform，PIIP）。图 5.4 描述了 PIIP 的信息交互结构模型，它从语义和结构两个方面解决订阅匹配问题。当信息事件发布时，系统首先将其转换成 SIDM 格式，然后对其进行进一步处理。而对信息事件接收者而言，所有的信息事件都符合 SIDM 规定的格式。

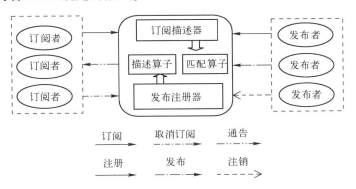

图 5.4　PIIP 的信息交互结构模型

为了向系统各成员提供一种通用的方式来表示分布的、异构的、动态的信息，PIIP 采用 SIDM，通过信息描述算子对数据模型进行统一表示和描述。信息描述算子负责将应用者的应用语义信息统一表示为全系统唯一解释的信息表示结构。PIIP 利用事件的语义信息和结构信息进行匹配。

在图 5.4 所示的模型中，信息生产者称为发布者。注册后，发布者以事件的形式将信息结构向 PIIP 进行通告（Notify），并获得该信息的标识符，然后将该标识符连同信息具体数据不断发布/发送给 PIIP。如果发布者不再生产信息，或者该信息已经作废，则需要向 PIIP 注销该信息。信息消费者称为订阅者，其在注册时，PIIP 会向其返回当前所有的信息标识、结构和数据特性。订阅者如果需要相关信息，则向 PIIP 发出订阅事件，表示对系统中的某些信息感兴趣，如果不再感兴趣，也可以取消订阅。PIIP 则保证将发布者发布的信息及时、可靠地通告/传送给所有对其感兴趣的订阅者。通过这种数据共享机制，可以实现在系统运行阶段，快速接收、管理和分发新类型、新结构的信息，并且向所有成员提供按需获取的数据服务，实现在线式数据共享。

在 PIIP 中，发布注册器负责接收发布者的信息注册请求，建立信息索引结构后，将注册请求转给描述算子，同时接收发布者的信息注销请求，将所注销的信息从索引表中删除，并删除相应的信息发布结构和数据存储结构。发布注册器接收到信息发布事件后，经过初步处理，转给描述算子。描述算子负责根据 PIIP 的信息模型，对发布者发布的信息进行统一的描述与转换，并为其发布的信息建立相应的信息发布结构和数据存储结构。订阅描述器负责接收订阅者的信息订阅请求，经过初步处理，将它传给匹配算子，同时接收信息取消订阅事件，将相应的订阅请求删除。匹配算子负责高效地找到与给定订阅条件相匹配的信息，将匹配结果进行有效组织后传送给订阅者，同时维护信息的订阅请求事件。

在发布/订阅系统中，匹配算子所实现的匹配算法是系统的核心部分，它直接决定了发布/订阅系统的性能（事件匹配时间效率和空间效率）。而订阅事件的表示和描述对订阅事件的解析、识别、处理都有重要影响。因此，一般的发布/订阅系统都会根据各自不同的特点，制定相应的订阅语言，以便有效地支持订阅事件的表示、解析和处理。

5.3.2　数据共享发布/订阅语言

由于 PIIP 中的事件要遵从 SIDM，所以用户的订阅条件实际上建立在 SIDM 语法之上，其中规定了订阅事件的约束，根据 SIDM 的语法设计了一种 PIIP 信息订阅语言。

在 PIIP 中，用户的一个订阅条件由若干个语句模式（statement pattern）通过"与"和"或"操作组成。每个语句模式描述订阅事件中的一个语句，其形式如下。

```
(subject,meta-statement,[filter_func(subject)])
```

其中，subject 用来标识具体的信息对象，meta-statement 规定了一个语句应满足的类型约束，即令某语句模式中的 meta-statement 为（s, p, r），若某 SIDM 语句能与该语句模式匹配，则如下断言为真。

s　SIDM:type　oid-list-subject

（s 必须属于 oid-list 中的某个具体值）

p　SIDMs:subPropertyOf　oid-list-Atom-subject

（p 必须是某个 subject 类型的 Atom）

r　SIDM:type　oid-list-Atom-value

（r, p 的条件限制必须属于 Atom 的 value）

当 subject 为变量且其类型为 Atom 时，语句模式中可以有一个过滤函数 filter_func(subject)，它是一个布尔表达式，用于进一步限制宾语变量的取值。过滤函数中允许进行>、<、=等关系运算。

根据订阅语句模式，本书采用字符串的形式来定义信息订阅语言（Information Subscribe Language，ISL）的语法，其语法表示为：

```
<subscribe>:=/* empty * /|<subscribe_str>;
<subscribe_str>:=<subscribe_simple><subscribe_ext>;
<subscribe_ext>:=/* empty * /|<subscribe_str>;
<subscribe_simple>:=<section_header>|<section_header><section_description>;
<section_description>:={<description_cell><description_ext>};
<description_ext>:=/* empty * /|<description_cell><description_ext>;
<description_cell>:={<section_field><section_condition>};
<section_header>:={HEADER |<sequence_string>};
<section_field>:=/* empty * /|{FIELD |<sequence_string>};
<section_condition>:=/* empty * /|{CONDITION |<compare_or>};
<compare_or>:=<compare_and>OR<compare_and> |<compare_and>;
<compare_and>:=<expr_compare>AND<expr_compare> |<expr_compare>;
<expr_compare>:=(<ident>= =<factor>) |(<ident>>=<factor>) |(<ident>><factor>) |(<ident><=<factor>) |(<ident><<factor>) |(<ident>!=<factor>) |(<compare_or>);
<sequence_string>:=<string><sequence_ext>;
<sequence_ext>:=/* empty * /|<sequence_next>;
<sequence_next>:=<string><sequence_ext>;
<factor>:='<text_chars>' |<number> |TRUE |FALSE;
<ident>:=$<string>;
```

```
<string>:=<text_chars><string_ext>;
<string_ext>:=/* empty * /|.<string_next>;
<string_next>:=<text_chars><string_ext>;
<text_chars>:=<text_chars><text_char>;
<number>:=<digits>|<digits>.<digits>|-<digits>|-<digits>.<digits>;
<digits>:=<digits><digit>;
<text_char>:=<alpha>|<digit>;
<alpha>表示 A~Z 及 a~z 的字母;
<digit>表示 0~9 的数字.
```

根据上述描述可知，ISL 具有如下特点。

（1）语法以字符串的形式描述，结构简单，易于应用者理解和实现。

（2）能够支持最小粒度数据类型（SIDM 中的 Atom 数据类型）"与"和"或"操作的条件组合订阅。

（3）支持数字类型、字符类型、字符串类型和 Bool 类型的判断与匹配。

5.3.3 双向驱动的数据共享匹配算法

一般的发布/订阅系统匹配算法的本质思想在于，当一个发布事件到达时，系统能快速地找到所有与之匹配的订阅条件。从这一点上说，发布/订阅系统与数据库系统相比，数据和查询（订阅）条件的角色正好相反。在数据库系统中，大量的数据被保存并建立索引，以便当用户发起一个查询条件时，系统能够快速地找到所需要的数据。而在一般的发布/订阅系统中，大量的订阅条件被保存并建立索引，以便当一个发布事件（数据）到达时，系统能够快速地找到与之匹配的订阅条件。

在军事信息系统的数据共享中，不仅信息发布事件到达 PIIP 后，要进行与之相关的订阅事件匹配，找到满足条件的数据，信息订阅事件到达 PIIP 后，也要与已经发布的信息进行匹配，找到满足条件的数据，并将其发送/通告给订阅者。为了适应军事信息系统中信息按需共享的需要，本节提出了一种双向驱动的数据共享匹配算法，即发布事件驱动匹配和订阅事件驱动匹配算法。下面介绍该算法中采用的索引结构及相应的匹配过程。

1. 索引结构

PIIP 内部维护当前系统中所有发布的信息结构和发送的实际信息数据。在用户所定义的发布信息的基础上，根据 SIDM 对象层次结构和属性层次结构，PIIP 使用相应的语法完成应用信息结构解析，将各种信息结构组织为树状结构，称为信息结构树（Structure Tree，ST），同时得到唯一的信息标识，并建立数据存储表。当信息数据发布到系统中时，根据信息标识在树中找到相应存储表的位置进行信息数据缓存。为了加快信息访问速度，采用数组表对所有的信息数据进行管理，称为信息存储结构（Storage Structure，SS）数组。ST 和 SS 统称为 PIIP 的信息结构实体（Information Structure Entity，ISE），如图 5.5 所示。ISE 是 PIIP 索引结构的基础，其中 ST 的各 subject 按字典顺序排序，以便查找。

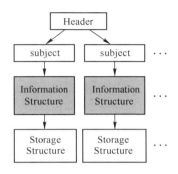

图 5.5　PIIP 的信息结构实体

PIIP 为用户提供了规范的订阅语言。PIIP 根据用户所提交的订阅请求，利用 SIDM 和 ISL 解析出所有合法的元语句，将它们组织成两棵树，分别为待匹配树与已匹配树。其中树的根节点为树的标识，树的叶节点为订阅请求合法的元语句。待匹配树保存符合语法的等待匹配的所有订阅请求及其合法的元语句，已匹配树保存已经匹配过的所有订阅请求及其合法的元语句。

PIIP 提供两种检索匹配机制。其一是发布事件驱动检索匹配，即当用户发布一种信息时，PIIP 将该信息缓存在 ISE 中，同时在待匹配树中查找对应的订阅请求，如果找到与发布信息相匹配的 subject，则按照匹配算法进行匹配，将相应的订阅请求从待匹配树中删除，加入已匹配树，将匹配的元语句和匹配映射也保存到该树的节点中。其二是订阅事件驱动检索匹配，即当 PIIP 接收到用户提交的订阅事件时，先检查其语法合法性，然后在 ISE 中查找相应 subject，如果找到，则进行匹配，同时将匹配的结果和映射保存到已匹配树中，否则将订阅请求加入待匹配树中。

2. 匹配过程

当一个订阅事件进入 PIIP 后，系统按照广度优先顺序排序，以使事件中所有标记的 subject 都被遍历到，且仅被遍历一次。对于每个被遍历到的 subject，系统为其生成一个或多个如下形式的三元组。

```
(subject,object,meta-statement,[filter_func(subject)])
```

称此三元组为"带类型语句"（typed-statement）。其中，subject 是信息的类别 ID；object 是订阅事件检索的 ID；meta-statement 是此事件对应语句的元语句，表示为 (m_s, m_p, m_r)，m_s 为订阅事件中指定的 oid-list-subject 的对象，m_p 为 subject 对象的 Atom，m_r 为事件中 meta-statement 指定对象的 filter_func（subject）。一个订阅语句可能会对应多个带类型语句。当 oid-list-subject 中具有不同的信息类型时，如果 meta-statement 与 filter_func（subject）都需要对 oid-list-subject 所包含的 Atom 进行过滤，则需要在匹配结果中对所提取的数据进行重构，将其以 subject 的形式返回给发起订阅事件的用户。

对于遍历事件内容时所生成的每个带类型语句，PIIP 根据其中的元语句找到 ST 中的相应项，将其与待匹配树中的各语句模式进行匹配。然后，系统根据 ST 中该项的 SS 找到相应的信息数据。

令函数 isVariable(k) 表示断言"k 为变量"。对于语句模式 $s_p = (s_1, m_{s1}, \text{filter\_func}_1)$ 和一个带类型语句 $t_s = (s_2, o_2, m_{s2})$，s_p 与 t_s 匹配的充要条件为

$$(s_1 = s_2 \lor \text{isVariable}(s_1)) \land (m_{s2} \subseteq m_{s1}) \land \text{filter\_func}_1(s_2)$$

s_p 与 t_s 匹配的结果是建立两对事件和 ISE 的 subject 之间的映射关系：$s_1 \leftrightarrow s_2$。

在事件的匹配过程中，如果以发布事件驱动检索匹配，匹配过程开始时，PIIP 根据信息类型的 subject 在待匹配树中查找相应的以 subject 为关键字的各带类型语句，如果找到了，则根据 meta-statement 形成映射方案，记录带类型语句与 ISE 的 subject 之间的映射关系，并将其加入已匹配树中。如果以订阅事件驱动检索匹配，匹配过程开始时，订阅事件中以 subject 为关键字的各带类型语句已存在于待匹配树中，PIIP 在 ISE 中寻找与之匹配的 subject，如果找到了，则形成映射方案，并将其转移到已匹配树中。

3. 算法分析

令 TS 表示平均每个事件中的带类型语句数量，D 表示平均每个带类型语句所能推导的元语句数量，W 表示平均每个待匹配树中的节点数量，SP 表示各匹配树中平均每个节点下的语句模式数量，N 表示订阅事件数量，算法的时间复杂度为 $O(\text{TS} \times D \times W \times \text{SP} \times N)$，一般来说 TS、$D$、$W$ 和 SP 都比较小，算法的时间复杂度与订阅数量呈线性关系。

在空间复杂度方面，算法的空间占用主要包括以下两个方面。

（1）各订阅事件所对应的匹配树。匹配树中的节点数量与订阅事件的复杂度和订阅条件数量有关。

（2）ISE 数量。ISE 数量由信息类型的数量决定。

设匹配树的平均大小为 m，ISE 中每个信息类型的空间占用为 e，具有 L 种信息类型，则本算法的空间复杂度为 $O(N{\times}m+L{\times}e)$。因此，总体来说，算法的空间复杂度与订阅数量及信息类型数量呈线性关系。

5.3.4　模拟实验及结果分析

发布/订阅系统及其匹配算法的性能评价指标主要是订阅事件的匹配时间。因此，本节对 PIIP 的订阅事件的匹配时间进行了模拟实验。在不考虑信息存储的情况下，该实验采用 C\C++语言，一台 CPU 为 2.0GHz、内存为 512MB 的普通个人计算机，操作系统为 Windows。

在模拟实验中，假设 PIIP 中的信息类型为 Construction，其中 ref-oid-lis 包含 10 个 Simpleness 类，每个 Simpleness 类具有 10 个 Atom 类型的属性。假设每个订阅事件中有 10 个 section_field，每个 section_field 指向一个 Simpleness 类，包含 5 个 Atom 类型，每个 Atom 类型指向一个 CONDITION，形成 5 个 Atom 类型"与"操作的过滤函数。订阅事件匹配结果如图 5.6 所示。

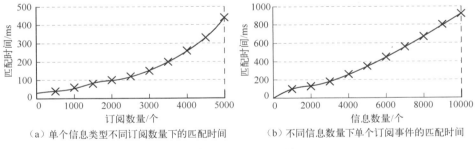

（a）单个信息类型不同订阅数量下的匹配时间　　（b）不同信息数量下单个订阅事件的匹配时间

图 5.6　订阅事件匹配结果

图 5.6（a）显示了 PIIP 在单个信息类型不同订阅数量下的匹配时间。其中，订阅数量从 500 个增加到 5000 个。从图中可以看出，PIIP 的匹配时间与订阅数量基本呈线性关系。当订阅数量为 5000 个时，匹配时间为 430ms。

图 5.6（b）显示了 PIIP 在不同信息数量下单个订阅事件的匹配时间。其中，信息数量从 1000 个增加到 10000 个。从图中可以看出，PIIP 的匹配时间与信息数量基本呈线性关系。当信息数量为 10000 个时，匹配时间为 890ms。

5.4　本章小结

  军事信息系统具有静态演化和动态演化的特性，对数据共享提出了不同的要求，为此可以将数据共享分为预设式数据共享和在线式数据共享。发布/订阅机制及 DDS 能够使通信的参与者在空间、时间和控制流上完全解耦；能够很好地满足军事信息系统分布式松散通信的需求，实现系统中组成成员"即插即用""按需获取"的数据共享需求；能够很好地适应军事信息系统成员的动态加入/退出，支持系统使用过程中复杂多变的数据信息流需求。为适应军事信息系统的静态演化特性，本章构建了基于 DDS 的预设式数据共享中间件，设计了该中间件的结构模型，阐述了该中间件的线程结构及其功能实现方式，并制定了详细的信息发布/订阅接口规范。为了适应军事信息系统的动态演化特性，本章构建了信息综合集成平台，设计了一套具有完整语义和语法结构的信息订阅语言（ISL）。ISL 为用户提供了访问异构信息源的统一接口，提出了数据共享平台的基础核心匹配算法，使系统信息的生产者与消费者在时间和空间上完全解耦，为军事信息系统的各个专业应用提供公共的信息交互平台，为动态加入/退出军事信息系统的各类成员提供高速、可靠的信息交互方式和数据传输通道，实现系统内信息"所见即所得"的按需共享能力，以统一的信息接口满足军事信息系统动态演化的需要。

第 6 章

军事信息系统服务化信息处理功能集成

● ● ● ● ● ● ● ●

军事信息系统需要跨空间、跨平台、跨军兵种执行多样化的任务。面对不同的作战任务和战场态势，军事信息系统需要在数据信息联合处理的支持下满足对抗条件下的作战应用需求。要完成相关任务，首先要求军事信息系统实现相关平台、武器和子系统中数据信息处理功能模块动态调度的"即插即用"，形成能够完成任务的功能体集合，此过程称为信息处理功能集成（以下简称"功能集成"）。由于军事信息系统包含多领域、多专业的异构信息处理功能模块和实现方式，基于 SOA 的服务化功能集成模式能够有效地将异构的功能模块进行"即插即用"的集成，使军事信息系统的数据实现快速共享和调用，完成相应的作战任务。发布/订阅机制及 DDS 能够有效实现系统的数据共享。本章论述了基于 DDS 和 SOA 的服务化功能集成框架，为军事信息系统分布式成员的功能集成提供解决方案。

6.1 服务化信息处理功能集成框架

6.1.1 服务化信息处理功能集成框架概述

1. SOA 介绍

军事信息系统服务化功能集成的最主要目的是实现系统中各个平台、武器和子系统的功能模块灵活配置、动态调度的"即插即用"。事实上，分布在各个平台、武器和子系统中的功能模块调度都是通过软件接口或功能的形式实现的。面向服务的架构（SOA）是一种组织和利用分布式软件功能的范式，这些功能可能分属于不同的所有者，具有不同的实现方式。

SOA 中的各个功能模块以构件的形式存在，要求提供统一的方式来发布、发现和使用应用构件的功能。SOA 将应用构件发布的功能定义为"服务"，服务具有自描述性和可见性，更易于被发现、理解和使用。服务之间通过良好的接口和契约连接起来，接口采用中立、通用的方式描述和实现，使服务可以在不同硬件平台、操作系统及实现方式下进行交互，实现应用功能的互操作性。服务的松耦合特性也使应用系统拥有更强的灵活性和扩展性。

目前在商业领域，基于请求/应答方式的 Web 服务是典型的 SOA 实现方案，它拥有相对完善的服务描述、服务注册和服务订阅/发布机制，能够较好地满足外部服务对接、异构中间件通信等需求。然而，对军事信息系统成员中的各个功能来说，首先要满足调用的实时性、可信性和可用性等任务需求；其次要能够与DDS 相融合，并且为系统的流程集成提供基础支持。

面向体系的服务化功能集成要求在统一的框架下实现。在服务化功能集成框架下，功能集成不仅需要确保各个成员的服务能够被及时、可信地调度，保障服务之间的互操作，还要确保服务之间能够进行实时、高效、可信的信息通信。SOA 通常包含注册中心，并制定了注册中心、服务提供者、服务消费者之间的交互规范，使服务提供者能够注册和发布服务，服务消费者能够发现并绑定服务端，通过请求/应答（Req/Rep）方式实现服务互操作。DDS 数据共享规范屏蔽了操作系统和网络的差异，提供了统一的多对多、低时延、高吞吐量的信息通信机制。因此，为了实现功能集成的要求，本节将 DDS 与 SOA 相结合，形成能够融合数据共享、支持功能集成的服务化功能集成框架模型。

SOA 参考模型中的服务的特性归纳起来有以下几个。

（1）软件实体。服务作为软件实体，对特定的业务逻辑进行了封装，提供有意义的功能。该软件实体应该是长期稳定的、可以版本化的。

（2）具有合约。合约规定了服务提供者和服务消费者的职责，其中包含接口描述、绑定信息（如所在节点等）、功能说明、服务策略及相关的约束等。合约通常是自包含的。

（3）可互操作。服务可跨平台、跨系统调用，通常基于消息进行通信。

（4）可组装。已有的服务通过组装可以构造新的服务，组装后的服务向用户隐藏内部细节，只对外提供封装了一定业务逻辑的合约。

（5）可复用。服务可以在多个应用场景中使用，也可以用于组装多个其他服务。

（6）可发布与可发现。服务提供者可以通过服务注册中心发布服务合约，以供服务消费者动态地发现和使用服务，从而使两者的关系呈松耦合性。

综上所述，服务是具有合约的、对外提供特定功能的软件实体，是自包含的、可复用的、可互操作的、可发布的和可发现的，通常基于消息与外部应用或其他服务进行交互。在设计系统服务化功能集成框架时，需要遵循 SOA 参考模型中的服务特性。

2. 服务化功能集成框架的整体架构

服务化功能集成框架的整体架构如图 6.1 所示。

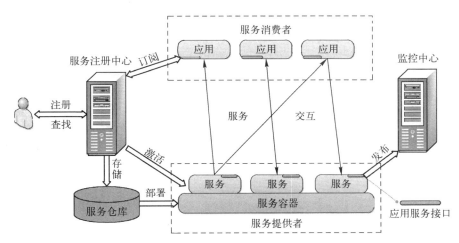

图 6.1 服务化功能集成框架的整体架构

服务化功能集成框架的整体架构主要包括服务注册中心、监控中心、服务容器、应用服务接口等服务环境设施，同时提供应用业务功能服务描述、开发和管理的方法。服务化功能集成框架支持服务的订阅/发布机制，使服务消费者能够发现、订阅和调用所需的服务。服务化功能集成框架提供服务仓库、存储、注册等服务，同时支持服务的自动部署、激活和监控，配合有效的服务管理机制以提升任务系统的运维水平。

1）服务化功能集成框架的关键部件

服务化功能集成框架的关键部件是应用服务接口、服务注册中心和服务容器。

（1）应用服务接口（Application Service Interface，ASI）提供应用功能服务化所需的各类接口，如服务发布、服务订阅、运行状态管理等。应用和服务通过 ASI 与服务注册中心和监控中心进行服务信息的交互。

（2）服务注册中心（Service Registry Center，SRC）是服务化功能集成框架的核心，主要提供服务注册、服务查询、服务监控等功能。其作为服务提供者、服务消费者、服务容器信息交互的媒介，在服务发布和使用过程中至关重要。

（3）服务容器（Service Container，SC）作为服务化功能集成框架分散在各个平台、武器和子系统节点的服务代理，承担了各节点上部署的服务信息、服务进程的管理任务。

2）服务的发布与使用流程

面向体系的服务化功能集成需要将应用功能以服务的形式在服务注册中心注册，然后根据作战任务要求，在服务集成的过程中，将所需服务的名字发送给服务注册中心。服务注册中心完成服务匹配后，回复服务绑定信息（如 IP+端口号），通过服务绑定信息绑定服务端并实现服务的调用，完成作战任务流程的构建。服务发布与使用流程如图 6.2 所示。

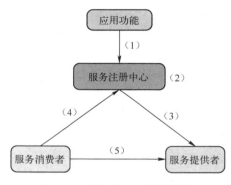

图 6.2　服务发布与使用流程

（1）应用功能以发布/订阅的方式对外提供信息发布/订阅接口，或者以请求/应答的方式对外提供 Interface 接口；用户为应用功能编写服务描述文件，并在服务注册中心注册服务。

（2）服务注册中心管理员审核新注册的服务，核查服务接口、IDL 的定义是否规范等。

（3）服务注册中心将服务映射或部署到指定节点容器中。

（4）在构建作战流程的过程中，在服务注册中心查找所需的服务，下载服务描述文件，通过服务接口获取服务绑定信息，编写作战流程逻辑。

（5）服务客户端和服务端通过服务调用流程完成服务调用。

3）服务引用机制工作流程

在系统集成过程中，要求将实现各项作战功能的服务组装成能够完成特定作战任务的服务集合和作战实施流程。在此过程中，需要相应的服务引用机制的支持。服务引用机制工作流程如图 6.3 所示。

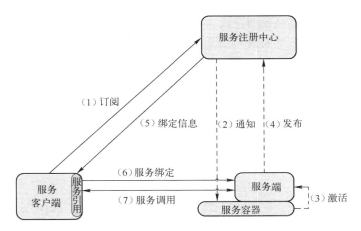

图 6.3　服务引用机制工作流程

服务引用机制工作流程详细说明如下。

（1）服务客户端（系统集成者）向服务注册中心发送服务 ID，即{命名空间+服务名+版本号}，订阅自己所需的服务。

（2）服务注册中心收到服务客户端的服务订阅信息后，在注册信息中查看是否存在该服务。若不存在，则返回空的绑定信息；若存在，继续后续判断；在监控信息中查询该服务是否处于运行状态，如果是，则直接跳转至第（5）步，否则服务注册中心会发送通知给该服务所在的服务容器，令其激活该服务。

（3）服务容器收到服务注册中心的通知后，激活指定的服务，启动该服务的功能。

（4）服务的相应功能开始运行，并向服务注册中心发布服务信息。

（5）服务注册中心在监控信息中查询并选择相应的服务，将该服务的绑定信息返回给服务客户端。

（6）服务客户端获取服务绑定信息，完成服务绑定，获取服务引用对象。

（7）服务客户端通过服务引用对象订阅服务数据或发送服务请求，完成服务调用。

服务化功能集成框架的服务引用机制统一了基于 DDS 和 RPC over DDS 通信的服务引用过程，实现了服务提供者和服务消费者之间硬编码地址的解耦，提高了服务引用的可靠性。

6.1.2　服务管理模型

在服务化功能集成框架中，服务注册中心是核心部分，它提供服务注册、服务查找、服务监控等管理功能，是服务提供者、服务消费者、服务容器三者信息交互的中枢。它需要一套完整的服务管理模型来支撑。服务管理模型的结构如图 6.4 所示。

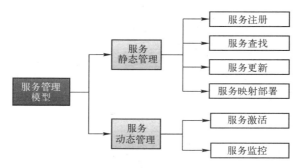

图 6.4　服务管理模型的结构

服务注册中心通过统一配置服务注册信息，有效地优化应用服务发布和使用流程，通过服务运行监控提高系统运行的可靠性。服务化功能集成框架的服务管理模型由服务静态管理、服务动态管理两部分组成。

1. 服务静态管理

服务化功能集成框架的服务静态管理包括服务注册、服务查找、服务更新、服务映射部署 4 部分，对服务静态信息的合理配置和管理有利于服务的注册、查找、更新，可以优化服务引用的流程，从而提升服务集成的效率，为构建面向特定任务的作战流程提供支持。

1）服务注册

平台、武器和子系统可以作为用户在服务注册中心进行服务注册、服务查找等。在服务注册过程中，首先提交服务信息。服务信息是指服务全称（命名空间、服务名、服务版本）和服务相关路径（服务部署位置、服务地址映射等）。服务注册中心解析并校验服务信息。服务信息校验通过之后，服务注册中心将存储所提交的相关服务信息。服务信息存储成功后，服务注册中心将服务描述信息存储到数据库中，并在其注册目录中增加一条服务注册记录，记录中包含该服务的名称、命名空间、版本号、部署映射地址等属性信息，以提高服务查询的速度。接着，服务注册中心将服务注册结果返回给用户，提示注册成功或注册失败并附原因。

2）服务查找

服务注册中心提供服务查找功能，支持在集成过程中查找所需的服务信息。在服务查找过程中，服务注册中心返回服务查找界面，用户可以浏览服务目录，也可以通过输入服务名或命名空间查找所需的服务信息。如果找到所需的服务，用户可以从服务注册中心获取它们，然后通过发布/订阅通信、请求/应答通信调用它们。

3）服务更新

在系统中，一些平台、武器和子系统的功能需要更新迭代。在功能服务更新过程中，服务注册中心能够方便地更新服务信息，并制定服务更新推送机制，以便服务使用者（集成和使用人员）及时了解和使用更新的服务。在功能集成和使用过程中，服务注册中心会记录不同用户正在使用的服务，当正在使用的服务被更新或有新版本时，服务注册中心会向用户推送更新的服务标记，使用户能够看到当前所使用服务的更新情况，从而在客户端及时更新服务。

4）服务映射部署

系统中有些功能部署在特定的平台、武器和子系统中，而有些服务可以灵活动态地部署在不同的平台、武器和子系统中。完成服务注册之后，对于固定的服务，需要建立服务地址的映射信息；对于能够灵活部署的服务，需要将其部署到服务绑定节点的服务容器中。服务部署过程如下。

（1）服务注册中心对新注册的服务进行审核，审核通过后再进行服务部署。在服务部署之前需要确保服务部署节点的服务容器已启动。服务容器提供传输端口，在系统运行过程中应持续监听此端口。

（2）服务注册中心进行服务部署时，首先与服务容器的传输端口建立连接，然后向服务容器传输服务的相关文件和信息。

（3）服务容器接收到服务文件后进行校验，并向服务注册中心回复服务部署结果。

（4）服务注册中心综合端口连接情况和服务容器部署结果，向用户返回部署结果。

服务注册中心允许将同一项服务部署到多个节点上，并实现多副本服务同时运行，在提高服务容错性的同时，有效降低服务的请求压力，缩短服务的响应时间。

2. 服务动态管理

在军事信息系统运行过程中，任务实施中心需要实时监控服务动态管理的相关信息，以确保作战任务的顺利实施。服务动态信息是指服务运行过程中发布的状态信息和实体（如服务注册中心、服务容器、服务等）之间的指令交互信息。动态管理包括服务的激活、挂起、恢复、撤销，以及服务生命周期内的监控。在系统中，服务运行的可靠性和实时性十分重要，服务化功能集成框架通过服务动态管理实现服务激活和服务监控。

1）服务激活

服务激活是指服务在作战流程的调度下完成启动，进入运行状态。在采用

Web 服务或 REST 实现的服务框架中，服务通常部署在 Web 应用容器中，包含在服务容器的进程中，服务对象由 Spring 管理，因此只要服务容器启动运行，就能提供服务。在服务化功能集成框架中，服务作为独立功能实体运行；容器作为代理运行在各个节点上，可以实现服务实体的激活和关闭。为了更好地提升服务的可用性，同时减少不必要的性能负载，服务化功能集成框架提供管理员激活和服务消费激活两种机制，如图 6.5 所示。

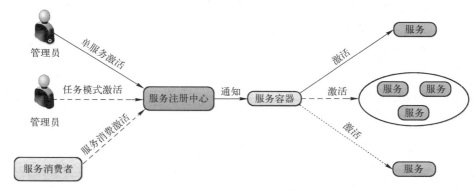

图 6.5　服务激活机制

（1）管理员激活。服务注册中心管理员可以在服务注册中心远程激活/关闭服务程序。服务注册中心提供单服务激活和任务模式激活两种人工激活方式。

① 单服务激活：管理员可以激活/关闭某项服务。如果服务是基础或原子服务，如时间同步服务等，可以选择这种方式直接激活该服务并设置为常运行状态。

② 任务模式激活：借助服务所具有的任务模式属性，管理员可以批量激活/关闭某个任务模式下的服务，从而快速切换系统的任务模式。

（2）服务消费激活。在军事信息系统中，不同平台、武器和子系统之间需要协同才能完成相应的作战任务。因此，从功能服务的角度来看，不同的服务之间会产生依赖关系。依赖条件是指某项服务可能依赖其他服务，即一项服务的正确运行需要其他服务的正确运行，如图 6.6 所示，如果服务 A 直接依赖服务 B 和服务 C，或者服务 A 直接依赖服务 B 并且间接依赖服务 C，则当服务 B 或服务 C 未能正确运行时，服务 A 可能会失效或出现异常。通过配置服务的依赖条件，可以在激活服务 A 的同时激活其依赖的服务，这有利于提升服务的可用性。

在服务注册中心，当有服务被调用时，如果该服务处于未激活状态，则由服务注册中心通知该服务所在的容器激活该服务。同时，为提高服务的可用性，服务注册中心会检查该服务的依赖信息，如果该服务依赖其他服务，服务注册中心会一并激活其他服务。

图 6.6　服务依赖

2）服务监控

服务被服务容器激活后进入运行状态，并不断对外发布服务运行状态。服务化功能集成框架制定了服务监控机制，规定了服务运行状态和服务运行控制指令。在服务运行过程中，有正常运行中（Normal Running）、警告（Warning）、暂停（Paused）、终止中（Shutting Down）4 种运行状态。服务运行控制指令有激活服务（Activate Service）、启动服务（Start Processing）、暂停服务（Pause Processing）、恢复服务（Resume Processing）、停止服务（Stop Processing）4 种。服务运行状态和服务运行控制指令的变迁如图 6.7 所示。

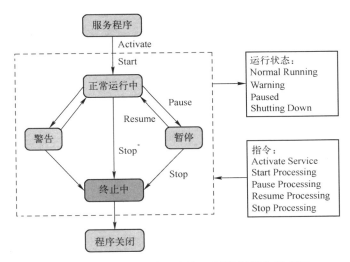

图 6.7　服务运行状态和服务运行控制指令的变迁

（1）服务注册中心通过服务激活指令通知服务容器激活服务，服务启动并完成准备工作后，接收服务启动指令进入正常运行状态，开始对外发布状态信息（如服务标识、IP 地址、运行状态、负载信息、QPS 等）。

（2）通过暂停指令使服务进入暂停状态，从而暂停对外发布数据或暂停请求应答服务，直到收到恢复指令回到正常运行状态。

（3）当服务收到停止服务的指令后，不再对外接收服务请求，并将未处理的请求处理完，此时服务处于终止状态，直至服务关闭。在正常情况下，服务注册中心通过发送停止服务指令关闭服务，只有在服务未能正常响应指令时才通知服务容器关闭服务。

（4）在运行过程中，服务可以通过发布警告状态并附上原因，告知监控中心服务出现异常状况，然后自行恢复到正常运行状态。如果出现严重错误，服务将直接进入终止过程。

服务化功能集成框架的监控中心负责监听各个服务的状态信息。通过服务发布的运行状态、负载情况、QPS 等信息，监控中心能够了解服务的运行情况，从而做出正确的调整决策，如服务注册中心结合服务监控的 QPS 信息来实现多副本服务的负载均衡。同时，监控中心提供服务监控信息，辅助使用人员更好地检查任务执行状态、分析错误发生原因等。

6.1.3　服务化功能集成框架的应用接口

服务化功能集成框架的一个重要部分是服务应用接口描述，它作为服务的对外窗口，与通信协议息息相关。服务化功能集成框架通常要先确定服务所采用的通信协议，其服务基于 Web 服务或自建的 RPC 协议实现服务交互，采用定制的服务描述方法来描述服务信息。服务是可发布和可发现的，服务提供者（服务端）发布服务信息，服务消费者（服务客户端）通过向服务注册中心发送服务接口全称匹配服务，获取服务提供者的绑定信息，通过"IP 地址+端口号+服务名"绑定服务，最终以请求/应答的方式完成服务调用。

在系统中，应用通常需要实现一对多的实时、高效、可靠的信息交互，同时需要支持 RPC 通信来扩展应用功能的使用场景。为满足系统实时、高效、可靠的信息通信需求，本节提出了融合 DDS 的服务化功能集成应用接口定义，如图 6.8 所示。服务可基于 DDS 进行实时发布/订阅通信，也可基于 RPC over DDS 完成请求/应答通信。DDS 提供了跨平台、跨语言的开发接口，拥有一套完整的 IDL 来定义接口，使服务具备良好的互操作性。在服务化功能集成框架中，服务是对外提供一组信息发布/订阅接口或某个请求/应答接口的应用功能。当服务对外提供发布/订阅接口时，服务与一个或多个主题的发布者/订阅者绑定，服务之间通过信息域和主题名进行区分（规定不同的服务不得提供相同的发布/订阅主题）；当服务对外提供请求/应答接口时，服务与一个 Interface 绑定（规定 Interface 中可以定义多个功能接口），服务之间通过 IP 地址和服务名进行区分。

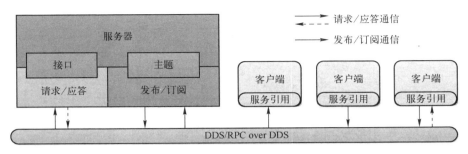

图 6.8　融合 DDS 的服务化功能集成应用接口定义

服务消费者在与服务通信前，需要先完成服务绑定，获取服务引用对象（Service Reference Object）。服务引用对象包含与服务接口和发布/订阅主题对应的客户端通信实例，通信实例为服务消费者提供了调用具体服务接口的方法。

服务注册中心存储了各服务的注册信息，能够分辨服务的通信方式，不同通信方式的服务绑定的信息是不一样的。在服务化功能集成框架的服务引用机制中，规定了采用发布/订阅通信方式和请求/应答通信方式的服务绑定的信息：对于采用发布/订阅通信方式的服务，服务注册中心返回的是服务的数据域 ID；对于采用请求/应答通信方式的服务，服务注册中心返回的是 IP 地址。通过服务绑定的信息，服务客户端能够绑定对应的服务端，获取服务引用，完成服务调用。服务构建在 DDS 中间件之上，服务化功能集成框架的服务接口需要兼顾发布/订阅和请求/应答这两种不同的交互接口。

6.1.4　服务描述语言

服务化功能集成框架需要设计一种合适的服务描述语言，能够形式化地定义和描述服务。DDS 使用的服务描述语言是 IDL。SOA 中的 Web 服务描述语言（WSDL）本质上是一种定制的 XML 文档。对比 XML 和 IDL 可以看出，XML 可扩展性强，但在描述数据类型、服务接口方面较为烦琐；IDL 简洁明了，但通常只能定义数据类型、服务接口。服务化功能集成框架融合了 DDS，并且能够支持上层的过程集成。因此，采用 XML+IDL 作为服务描述语言，利用定制的 XML 文档来描述服务的属性、绑定及主题相关信息，并利用 IDL 来描述 DDS 的信息类型和接口，既能保持 IDL 简洁高效的数据、接口定义，又能引入兼顾扩展性和易读性的 XML 来描述其他信息。

为了更加直观地展示服务描述语言，本节将结合样例进行详细介绍。服务描述文档样例如下所示。<serviceDescription>为根元素，第 3 行至第 11 行的元素均为对服务属性的描述，第 12 行至第 15 行的元素均为对服务接口相关信息的描述。

```
1)   <?xml version = "1.0"?>
2)   <serviceDescription>
3)       <property>
4)           <name>Calculator</name>
5)           <namespace>seu.cse.util</namespace>
6)           <version>1.0</version>
7)           <remark>It's a Calculator</remark>
8)           <task>ScientificComputing</task>
9)           <dependency>RandomNumberGenerator</dependency>
10)          <location>192.168.1.2</location>
11)      </property>
12)      <interface>
13)          <idl>Calculator</idl>
14)          <topic_list>...</topic_list>
15)      </interface>
16)  </serviceDescription>
```

<property>和<interface>下各子元素的详细说明如表 6.1 所示。其中，<task>元素描述服务所属的任务模式，可包含多个任务名，各任务名之间用分号作为分隔符，可设置为空值，代表适用于所有任务模式；<dependency>元素描述服务所依赖的其他服务，可包含多个服务名（属于同一命名空间）或服务 ID，各服务名之间用分号作为分隔符，可设置为空值，代表没有依赖服务。

表 6.1　XML 服务描述文档元素释义

元　　素	属　　性	值	说　　明
property→name	—	服务名	指定服务的名称
property→namespace	—	命名空间	指定服务所属的命名空间
property→version	—	版本号	指定服务的版本信息
property→remark	—	文字描述	描述服务的功能、版本特性
property→task	—	任务名	描述服务所属的任务模式
property→dependency	—	服务名或服务 ID	描述服务所依赖的其他服务
property→location	—	IP 地址	指定服务所部署的节点地址
interface→idl	—	IDL 文件名	指定服务所绑定的 IDL 文件
interface→topic_list	—	—	描述发布/订阅主题信息

<topic_list>元素所包含的内容未显示完整，如下所示，对该元素补充说明如下：

```
<topic_list>
    <domainID>1</domainID>
    <topic type="pub">
        <topicName>topicPub</topicName>
        <topicStruct>myStruct</topicStruct>
        <qos_list>
            <qos name="Reliability">
                <attribute name="Kind">reliable</attribute>
            </qos>
            <qos name="Deadline">
                <attribute name="Period">50</attribute>
            </qos>
            ...
        </qos_list>
    </topic>
    ...
</topic_list>
```

一个服务提供一个或多个发布/订阅主题。<topic_list>包含一个<domainID>元素和多个<topic>元素，记录服务发布/订阅接口所属的数据域及主题相关信息。

<topic>包含的各子元素的具体说明如表 6.2 所示。

表 6.2　XML 服务描述文档 topic 元素释义

元　　素	属性	值	说　　明
topic	type	pub、sub	描述发布/订阅主题信息，pub 代表发布主题，sub 代表订阅主题
topic→topicName	—	主题名称	该主题的名称
topic→topicStruct	—	结构体名	该主题所绑定的主题类型，对应 IDL 文件定义的某一结构体名
topic→qos_list	—	—	该主题所绑定的 QoS 策略集
topic→qos_list→qos	name	Reliability、Durability、Deadline 等	QoS 策略名，总共有 22 种，常用的有 Reliability、Durability、Deadline、Liveliness 等
topic→qos_list→qos→attribute	name	Kind、Period 等	QoS 策略下的属性类别及其属性值

服务描述语言的另一个组成模块是 IDL 文件。根据 IDL 规范所定义的规则，IDL 文件的大致框架如以下 IDL 实例所示。

```
1)  //Calculator.idl
2)  interface Calculator
3)  {
4)      long addition(in long adder1, in long adder2);
5)      long subtraction(in long subber1, in long subber2);
6)  };
7)  struct myStruct
8)  {
9)      int a;
10)     string str;
11) };
```

其中，关键字 interface 定义了请求/应答通信的 Interface 接口（如 Calculator）。Interface 接口可包含多种方法定义（如 addition、subtraction）。关键字 struct 定义了结构体作为复杂数据类型（如 myStruct），其可作为 Interface 方法中的参数，或者作为发布/订阅接口所用的数据结构。DDS 规定发布/订阅主题必须绑定 IDL 所定义的某个结构体作为主题类型。

以上按照服务模型的服务属性、服务接口两大元素，以及 XML 和 IDL 两大组成模块，详细说明了服务描述语言的描述方式。当服务需求发生变更时，通过修改服务描述文件（XML+IDL）并在注册端进行更新，用户可方便地获取服务更新推送并及时更新服务客户端接口。

6.2 服务化信息处理功能集成框架原型系统设计

6.2.1 服务化功能集成框架原型系统结构

本节基于服务化功能集成框架，设计并实现了该框架的原型系统，其部署视图如图 6.9 所示。原型系统包括资源管理中心、服务容器和应用服务接口三部分，三者通过数据共享中间件进行信息交互。资源管理中心采用 C/S 架构，管理中心服务器运行在独立的节点之上，允许其客户端远程登录、注册和查找服务。作为原型系统的核心组件，管理中心服务器还提供了服务部署、服务激活、服务监控等功能以实现服务引用机制和服务管理模型，同时存储和管理用户身份信息。服务容器运行在各个服务部署节点之上，作为节点的服务代理，负责所在节点服务的管理工作，包括实际执行服务部署、服务激活等任务。应用服务接口为应用提供了查找和绑定应用资源、发布应用资源、指令交互的接口，同时提供状态管理接口。服务接收状态控制指令后，通过状态管理接口调整服务行为。

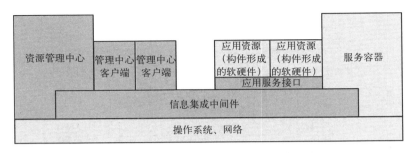

图 6.9　服务化功能集成框架原型系统部署视图

6.2.2　资源管理中心

资源管理中心主要包括管理中心服务端、文件目录/数据库、客户端三部分。其架构如图 6.10 所示。

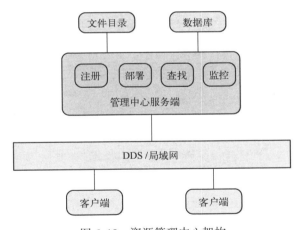

图 6.10　资源管理中心架构

资源管理中心功能模块如图 6.11 所示，主要包括用户登录模块、用户信息管理模块、服务注册模块、服务文件解析模块、服务数据存取模块、服务部署模块、服务查找模块、服务监控模块及服务激活模块九大模块。

各功能模块的详细说明如表 6.3 所示。

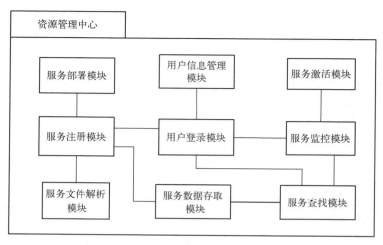

图 6.11　资源管理中心功能模块

表 6.3　资源管理中心功能模块说明

模块名称	功 能 释 义
用户登录模块	该模块提供了用户登录界面和用户身份信息验证功能。用户登录成功后，界面会根据用户身份提供不同的界面，管理员可以进入注册/查找/监控/用户信息管理等界面，普通用户只能访问服务查找界面
用户信息管理模块	该模块提供了用户信息管理界面，用于管理员对用户信息的增、删、改等操作
服务注册模块	该模块提供了用户注册或修改服务信息的界面，负责校验注册信息的合法性，维护服务文件的存储结构，返回给用户注册/修改服务的结果
服务文件解析模块	该模块提供了对 XML 服务描述文件的解析功能，提取服务描述中的服务属性、服务绑定信息，供服务注册模块校验服务时调用
服务数据存取模块	该模块实现了 MySQL 数据库连接，对服务属性、服务绑定等服务相关信息进行数据库读/写操作，为服务注册模块和服务查找模块提供了服务信息存取接口
服务部署模块	该模块提供了文件压缩（如果服务程序及其配置文件和依赖库等文件未被压缩到一个压缩包中）、与指定容器传输端口的连接及服务程序压缩包传输等功能，从而将服务部署到服务绑定信息中指定的节点
服务查找模块	该模块提供了服务查找界面，用户可以按照服务的命名空间或直接用服务名查找服务，界面返回结果列表（服务名、命名空间、版本号及服务说明等信息）。用户可以从服务详情（服务属性、绑定、主题等信息）中下载服务 IDL 文件、生成用户辅助代码，也可以添加服务关注，以获得服务更新提醒
服务监控模块	该模块提供了服务监控界面，能够监控系统中服务的运行情况（运行状态、CPU 负载、内存负载），将服务运行时的 CPU 负载、内存负载等信息持久化地存储到数据库中，对已激活服务提供关闭按钮，同时提供已部署但未激活服务的激活按钮
服务激活模块	该模块提供了服务激活的接口，能够监听服务客户端的服务订阅消息。如果订阅的服务已处于运行状态，则直接返回服务绑定信息；如果服务未被激活，则通知指定容器激活服务，获取服务发布信息，向服务客户端返回服务绑定信息

6.2.3　服务容器

服务容器将资源管理中心对服务的管理能力延伸到各个部署节点上，主要负责接收资源管理中心的通知，执行相应的操作，并返回操作执行结果。服务容器功能模块如图 6.12 所示，包括信息交互模块、文件传输模块、服务部署模块及服务激活模块四大模块。

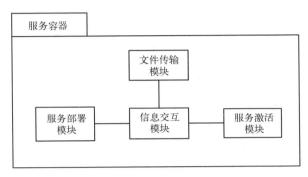

图 6.12　服务容器功能模块

各功能模块的详细说明如表 6.4 所示。

表 6.4　服务容器功能模块说明

模块名称	功 能 释 义
信息交互模块	该模块提供了服务容器与资源管理中心的各类交互接口，包括对服务激活、服务部署、文件传输等指令的监听及对相关操作结果信息的回复
文件传输模块	该模块提供了文件传输端口的监听及服务文件的传输和完整性校验等功能
服务部署模块	该模块具体负责服务程序的部署，包括从资源管理中心获取服务程序压缩包、对压缩包进行解压缩；负责服务文件目录的维护，为服务创建对应的文件夹，将解压后的服务程序及其配置文件、依赖文件存储到对应的文件夹下
服务激活模块	该模块负责激活/关闭资源管理中心指定的服务，根据服务全名找到服务部署目录下对应的服务程序并启动/关闭程序

6.2.4　应用服务接口

应用服务接口提供了应用服务化和构建新服务所需的各类接口。应用服务接口功能模块如图 6.13 所示，主要包括服务发布模块、服务订阅模块、指令交互模块及状态管理模块四大模块。

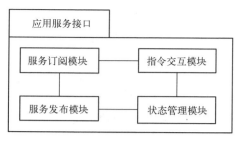

图 6.13　应用服务接口功能模块

各功能模块的详细说明如表 6.5 所示。

表 6.5　应用服务接口功能模块说明

模 块 名 称	功 能 释 义
服务发布模块	该模块提供了服务信息发布接口，服务端可以通过该接口设置所发布服务的名称、命名空间、版本号等信息，然后启动服务，使其进入正常运行状态。同时，该模块会定时收集并发布服务的运行状态、负载信息（CPU/内存）及 QPS 信息等
服务订阅模块	该模块提供了服务订阅接口，服务客户端可以通过该接口设置所要订阅服务的名称、命名空间、版本号等信息。该接口会阻塞直到获取订阅结果（不存在/不可用/服务绑定信息），通过服务绑定信息（DDS 通信返回的是域 ID，RPC over DDS 通信返回的是服务端实例名）将主题订阅者/发布者或 RPC 客户端绑定到指定的服务端，向客户端返回服务引用对象
指令交互模块	该模块提供了服务与资源管理中心进行指令交互的接口，利用指令监听器监听资源管理中心的状态控制指令或其他服务的指令，利用指令发布器发送指令给注册中心或其他服务，常见的指令类型有状态控制类、通知类等
状态管理模块	该模块提供了服务运行状态管理的接口。当服务运行状态发生改变时，相应的状态回调函数被调用，开发人员可以通过实现不同状态的回调函数调整服务行为（如暂停服务）。该模块也提供了改变状态、查询状态、发布警告等接口

　　通过应用服务接口，服务可以实现状态信息和指令信息的交互。服务运行阶段应用服务接口各功能模块的工作流程如图 6.14 所示。服务程序被激活后，系统首先检查是否需要订阅其他服务（存在服务依赖），通过服务订阅模块订阅所需的服务，获取服务引用对象。接着，通过服务发布模块设置所发布的服务名称、命名空间、版本号等信息，启动服务使其进入运行状态，同时定时发布状态信息（运行状态、负载信息及 QPS）。指令交互模块的指令监听器在服务启动后开始运行，当收到资源管理中心的状态控制指令时会调用状态管理模块中对应的状态回调函数（由服务开发者实现），从而调整服务运行状态和服务行为。当 Stop( ) 被调用时，服务将进入终止运行状态，随后服务进程关闭。

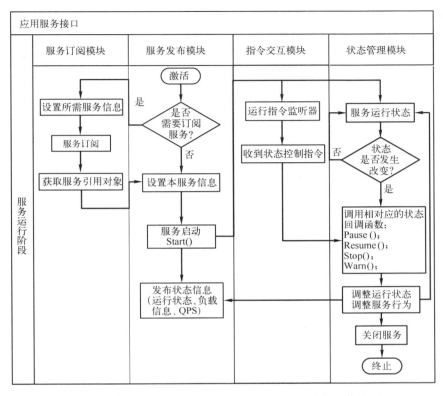

图 6.14　服务运行阶段应用服务接口各功能模块的工作流程

6.2.5　服务调用实现流程

服务消费者和服务提供者通过应用服务接口与资源管理中心交互，实现服务的订阅、发布和监控，完成服务调用。服务调用实现流程如图 6.15 所示，具体说明如下。

（1）客户端通过应用服务接口的服务订阅模块向资源管理中心订阅服务。

（2）资源管理中心服务激活模块收到订阅通知，完成服务匹配后，向指定服务容器发出激活通知。

（3）服务容器的信息交互模块收到激活通知，激活指定的服务。

（4）服务端启动并正常运行，通过服务发布模块对外发布状态信息。

（5）资源管理中心的服务监控模块收到服务状态信息后，向服务客户端回复服务绑定信息。

（6）客户端应用服务接口通过服务绑定信息，绑定到指定节点的服务端，向客户端返回服务引用对象。

（7）客户端通过服务调用对象对服务端进行服务调用。

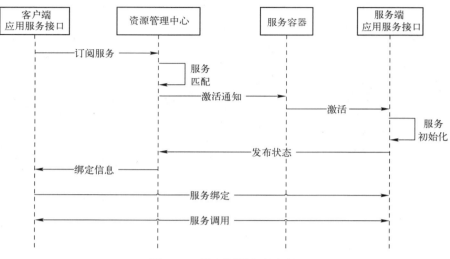

图 6.15　服务调用实现流程

6.3　服务化信息处理功能集成框架原型系统的性能测试与分析

　　服务化功能集成框架原型系统的性能测试从资源服务化功能集成性能和服务通信性能两个方面展开。资源服务化功能集成性能通过资源部署耗时、服务绑定耗时两个指标衡量，资源部署耗时、服务绑定耗时越短，说明性能越好；服务通信性能通过通信时延和通信吞吐量两个指标体现，时延越小，吞吐量越高，说明服务通信性能越好。各性能指标的说明如表 6.6 所示。

表 6.6　性能指标说明

性能指标	度量单位	描　　　　述
资源部署耗时	s	资源管理中心从发起部署操作到收到服务容器正确部署服务的回复所耗费的时间
服务绑定耗时	s	客户端从向资源管理中心发起服务绑定请求到获取资源管理中心回复的服务绑定信息所耗费的时间

续表

性 能 指 标	度 量 单 位	描　　　述
通信时延	ms	发布/订阅：数据从发布者到订阅者的传输时间 请求/应答：客户端从发起请求到收到回复所用的时间
通信吞吐量	MB/s	发布/订阅：发布者无间断发送数据，订阅者每秒能够收到的数据量 请求/应答：客户端无间断发送请求，服务端每秒能够处理的数据量

1. 资源部署耗时

测试说明：对新注册的资源审核通过后，将资源部署到服务描述文件指定的节点 IP。资源管理中心向指定的节点容器发起连接并发送服务程序压缩包，服务容器对服务程序压缩包进行校验、解压并存储到指定目录下，再回复资源管理中心部署通过。资源部署耗时反映了资源管理中心派发服务程序的能力，其可能的影响因素主要是服务程序压缩包的大小。以服务程序压缩包大小为分组依据进行实验，每组实验测试多次取平均值作为该组的测试结果。测试结果如图 6.16 所示。

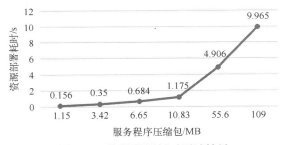

图 6.16　资源部署耗时测试结果

由测试结果可知，资源部署耗时随着服务程序压缩包的增加而增加。当服务程序压缩包在 10MB 以内时，服务传输时间可以控制在 1s 内。通常情况下，绝大部分服务程序压缩包的大小为 1~10MB。例如，某设备的控制台界面服务程序压缩包大小在 1MB 左右，而带图形用户界面的资源管理中心和服务程序压缩包的大小在 7MB 左右。在此种情况下，资源部署时间通常在 1s 内，属于可接受的范围。

2. 服务绑定耗时

测试说明：服务绑定耗时是指客户端从发起绑定服务的请求到收到资源管理中心回复的绑定信息的时间。对绑定时间影响最大的因素是服务是否处于运行状态，如果服务处于正常运行状态，资源管理中心匹配服务后将直接返回服务绑定信息，否则其在绑定过程中将增加服务激活的开销。将服务绑定耗时分为服务已激活和服务未激活两种情况，分成 6 个测试组进行实验。测试结果如图 6.17 所示。

由测试结果可知，在服务已激活的情况下，服务绑定耗时在 0.067s 左右，属

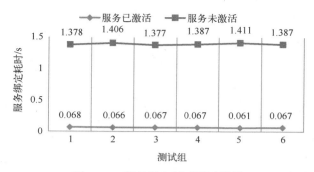

图 6.17   服务绑定耗时测试结果

于毫秒级别。客户端利用应用服务接口与资源管理中心基于 DDS 通信,完成服务绑定。该耗时主要由应用服务接口与资源管理中心发现阶段耗时、客户端发布服务订阅信息及获取绑定信息的通信时延组成,符合预期水平。在服务未激活的情况下,服务绑定耗时比服务已激活情况下增加 1.3s 左右,多出来的耗时源于资源管理中心激活服务、监听服务发布状态信息的过程,该过程提高了服务绑定的成功率,但使服务订阅耗时上升到秒级别。

由上述测试结果可知,对基础服务或访问量持续不断的服务来说,管理员将其激活并设置为正常运行状态,能够有效减少服务绑定时间,提高服务绑定效率。对不常用或访问量集中于某一时段的服务来说,利用服务激活策略,在服务被绑定时将其激活,能够减小系统负载,提高资源利用率。

3. 通信时延

测试说明:通信时延反映了数据共享中间件的信息处理速度和传输速度。为减小各节点时间不同步导致的误差,对通信时延测试采用数据往返多次后再计算平均值的方法。按数据包大小分成 1~100KB 共 8 组实验,对服务通信进行时延测试,同时与 Web 服务通信时延测试结果进行对比。测试结果如图 6.18 所示。

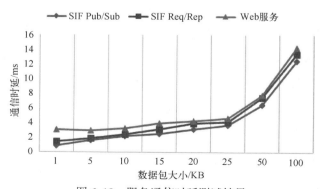

图 6.18   服务通信时延测试结果

由测试结果可知，Web 服务的通信时延整体比 SIF Pub/Sub（发布/订阅）和 SIF Req/Rep（请求/应答）大，在数据包较小的情况下差距更明显。SIF Req/Rep 的通信时延比 SIF Pub/Sub 大一些，SIF Pub/Sub 的通信时延性能最佳。Web 服务采用 SOAP 作为消息封装协议并绑定 HTTP 进行通信，SOAP 消息本质上基于 XML 的文本序列化方式，消息冗余度高。而 HTTP 基于 TCP，每次发送 HTTP 请求前都要建立 TCP 连接，在获得 HTTP 响应后释放连接。基于 DDS 和 RPC over DDS 实现的 SIF Pub/Sub 与 SIF Req/Rep 通信，采用 Typecode 二进制序列化方式，底层利用 UDP 进行通信。因此，不论是在序列化方式上还是在通信协议上，DDS 的传输耗时控制得都比较好，特别是在数据包较小的情况下，Web 服务的 HTTP 连接开销对时延性能的影响更为明显。随着数据包的增大，数据传输时间增加，HTTP 连接开销占比减小，三者的时延差距缩小。

4. 通信吞吐量

测试说明：通信吞吐量反映了在极限情况下数据共享中间件的信息处理能力。按数据包大小分成 1~100KB 共 8 组实验，对中间件的数据共享服务分别进行一对一和一对多的通信吞吐量测试，同时与 Web 服务的通信吞吐量测试结果进行对比。

一对一通信吞吐量对比测试结果如图 6.19 所示。

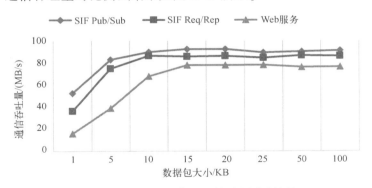

图 6.19　一对一通信吞吐量对比测试结果

由测试结果可知，SIF Pub/Sub 的通信吞吐量整体比 SIF Req/Rep 和 Web 服务高，Web 服务比前两者都差一些，在数据包较小的情况下差距更大。其原因与前面对通信时延的分析结果一致，即 Web 服务采用的文本序列化方式消息冗余度高、序列化效率低，HTTP 的实时通信性能不及 UDP。在通信吞吐量这种极限通信性能测试指标下，基于 RPC over DDS 的 SIF Req/Rep 的通信吞吐量比 Web 服务更高，而基于 DDS 的 SIF Pub/Sub 的高吞吐量优势更加凸显。考虑到 DDS 支持一对多的单播/多播通信能力，在采用多播模式和存在多个客户端的情况下，SIF Pub/Sub

的通信吞吐量优势将进一步扩大。

　　为进一步验证原型系统的通信吞吐量优势，本节进行了多个订阅端（客户端）情况下的通信吞吐量性能对比实验，设置通信数据包大小为 20KB，通信方式包括单播 SIF Pub/Sub、多播 SIF Pub/Sub、SIF Req/Rep 和 Web 服务，测试方法同上一组测试。测试结果如图 6.20 所示。

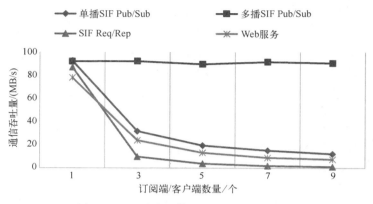

图 6.20　一对多通信吞吐量对比测试结果

　　由测试结果可知，随着客户端数量的增加，采用多播通信的 SIF Pub/Sub 的通信吞吐量基本保持不变，而采用单播通信的 SIF Pub/Sub 与 SIF Req/Rep、Web 服务一样，通信吞吐量会随着订阅端/客户端数量的增加而下降，其中 SIF Req/Rep 下降较为显著。分析原因：对于 SIF Req/Rep，服务端提供同一项服务，其请求与应答主题是确定的、唯一的，当 N 个客户端发起请求时，服务器对每个请求都要回复一条应答消息，需要发布 N 次应答消息。但每个客户端都会收到 N 次消息，其中只有一次是自身所需的应答消息，因此存在较多的冗余报文。采用单播通信的 SIF Pub/Sub 与 Web 服务一样，需要发布 N 次消息。相比之下，采用多播通信只需要发布 1 次消息。因此，采用多播通信的 SIF Pub/Sub 能够维持其通信吞吐量水平，采用单播的 SIF Pub/Sub 与 Web 服务的通信保持一致的下降趋势和差距，而 SIF Req/Rep 由于产生了较多的冗余消息，通信吞吐量急剧下降。

6.4　本章小结

　　军事信息系统的应用集成要求实现平台、武器和子系统相关功能模型的"即插即用"，基于 SOA 的服务化功能集成框架能够有效地将异构的功能模块进行"即插即用"的集成。本章设计了服务化功能集成框架，该框架由服务注册中心、监控中心、服务容器和应用服务接口等部分组成。本章详细论述了各功能模块服务发布与使用的具体流程，在此基础上，开展了服务化功能集成框架原型系统的设计，重点介绍了原型系统中资源管理中心、服务容器和应用服务接口的实现过程。最后基于原型系统的实现方式，对其性能进行了初步的测试与分析。

第 7 章

军事信息系统信息处理流程集成

在军事信息系统中，各个成员节点具有自治性、连接的动态性与开放性等特征，运行环境也是多元化的、动态的和开放的。在这种情况下，将军事信息系统的功能、行为、活动等采用统一的组织方式快速构建成为适用于不同任务需求的流程模式，提供一个可以灵活地在线定制和运行的数据信息应用流程，并支持系统流程的在线重构，以支持系统完成各种各样的任务，此过程称为信息处理流程集成（以下简称"流程集成"）。系统流程集成要求将分布式武器、平台、子系统和设备等以服务的形式，通过编制和编排技术，依据业务需求将系统中分散在各个节点的功能、操作和活动等进行集成整合，形成有机的应用流程，在流程执行引擎的支撑下实现面向多种任务的各类应用集成。

7.1 信息处理流程集成概述

军事信息系统信息处理流程集成建立在数据集成、数据共享、功能集成的基础上。系统功能集成主要基于 SOA 的思想建立相应的集成框架和机制，因此系统流程集成也应该在 SOA 的基础上，构建系统内部成员之间的动态组合与协同，实现快速构建或重构能够完成任务的流程模型。

目前在工业领域，由于 Web 服务是体现 SOA 理念的一组重要支撑技术，因此主要采用 BPEL、WS-Coordination、WS-Transaction 等相关技术进行业务流程建模，并由相应的 BPEL 引擎进行服务组合，以达到流程集成的目的。军事信息系统流程集成要求将系统中的子系统、平台和武器等成员根据不同的作战任务组合成一个有机的流程，完成既定的作战行动，同时要求能够根据战场态势的变化实现系统流程的动态变化。编制和编排是满足作战任务需求的有效方式。

在军事信息系统流程的编制中，由一个中央控制节点控制相关的成员（对应功能集成的服务形式）并协调不同成员、不同操作的执行。相关的成员并不知道（也无须知道）自己参与了系统整体流程，也不知道自己参与了更高级别的作战行动，只有编制的中央控制节点知道此情况，因此编制显式定义了系统成员（功能服务）的调用顺序。系统流程编制过程如图 7.1 所示。

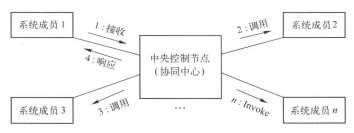

图 7.1　系统流程编制过程

而在系统流程的编排中，流程中不存在也不依赖某个中央控制节点，编排所涉及的成员完全知道执行其操作的时间及交互对象。编排是一种强调在系统流程中交换消息的协作方式。流程编排的所有参与者都需要知道具体的流程、要执行的活动与操作、要交换的信息/消息及交换时间。系统流程编排过程如图 7.2 所示。

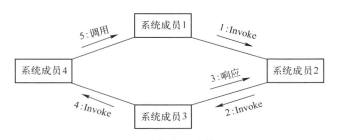

图 7.2　系统流程编排过程

无论是采用编制方式还是采用编排方式来组合系统成员形成流程，都需要支持以下几种基本结构，并在这几种基本结构的基础上构建完整流程。

● 顺序（<sequence>）：用于定义一组按顺序调用的活动。

- 流（<flow>）：用于定义一组并行调用的活动。
- Case-switch 构造（<switch>）：用于实现分支。
- While（<while>）：用于定义循环。
- <pick>：用于在多个替换路径中选择一个。

在系统内部成员之间组合形成能够完成特定任务的流程模型时，需要采用以下操作来实现。

- 调用其他成员（功能服务）操作：<invoke>。
- 等待发送消息并调用业务流程（接收请求）操作：<receive>。
- 同步操作的响应操作：<reply>。
- 分配数据变量操作：<assign>。
- 故障和异常指示：<throw>。
- 等待操作（等待一段时间）：<wait>。
- 终止整个流程操作：<terminate>。

系统流程集成通过编制或编排实现系统成员之间的组合，以完成特定任务。其主要步骤如图 7.3 所示，具体包括服务组合与流程建模、流程编排与仿真分析、流程执行与动态演化。

（1）服务组合与流程建模。在将系统各个成员服务组合起来并构成能够完成特定任务的流程时，首先要做的工作是从该特定任务的需求和整体运行环境出发，设计一个能够完成该特定任务的服务组合与整体流程过程模型。可以借鉴工业界工作流领域的一些技术手段来实施服务组合与流程建模，如使用图元拖曳的服务组合与流程建模方法。具体过程是，首先从

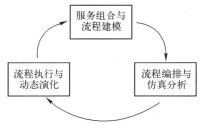

图 7.3 系统流程集成的主要步骤

可用的成员服务清单中选择可用的功能服务，通过选择、配置和组合多个功能活动，定义整体流程的 WSDL（描述 Web 服务发布的 XML 格式），然后创建由流程结构、活动步骤、执行决策和资源配置等组成的系统执行任务流程方案，完成系统流程的建模。

（2）流程编排与仿真分析。获得系统服务组合与流程模型后，需要定义参与流程的成员之间的协作规则，制定多个流程之间的协调交互关系，规定不同流程之间的信息交换顺序、活动时序等相关约束。同时，需要编写一些体系流程的执行代码（可自动生成），并利用仿真技术或形式化分析技术对该服务组合与流程模型进行分析，以验证模型是否能完成相应的作战任务，并对模型的一些特性（如整体性能或效能）进行定性或定量的评估。常用的仿真分析借助一些形式化模型

（如自动机、Petri 网、进程代数等）和工具（如模型检验工具）来完成。这些形式化的模型和工具均具有严格的数学基础和强大的分析能力，通过相应的形式化验证技术，有效识别模型中的一些逻辑错误（如死锁、活锁等），从而有针对性地对服务组合与流程模型进行修正。

（3）流程执行与动态演化。在完成模型建模与分析，将相应的功能服务或实体部署到相应的节点上，并进行必要的测试后，在管理引擎的调度下，各体系成员参与执行该流程模型。为保证系统服务组合与流程模型的执行符合预期，需监控该流程模型的执行。当监控到变动或异常时（如战场环境变化），可采取服务组合动态演化或自适应机制予以应对。这需要根据战场环境和作战任务的变化，重新优化服务组合与流程模型，进行在线功能重组与流程重构，支持体系的动态演化。

7.2　基于流模型的流程编排

从集成的角度来看，流程编排要清晰地定义和协商参与协作的规则，以利于规范流程具体执行时的交互。因此，流程编排要求在流程编制方案的基础上，设计编排出流程具体执行时的信息交互顺序、活动实施时序和分流程协作关系等。为了实现系统的流程编排，应精确定义系统成员及其服务之间的活动交互序列、数据信息交互顺序和流程约束限制等。本节以流模型为基础对系统流程进行编排。基于流模型的系统流程编排如图 7.4 所示。

使用流模型（Flow Model）可以有效地进行活动组合，指定活动执行步骤的顺序，规定决策点，指定所涉及活动之间数据信息的传递，表示为三元组：Flow Model ：$= (N, E_{CF}, E_{DF})$。其中，N 表示活动（Activity）集合；E_{CF} 表示控制流（Control Flow），它描述了这些活动的顺序；E_{DF} 表示数据流（Data Flow），它描述了数据信息在活动之间的传递过程。详细规定如下。

（1）流模型的活动集合 N 由一系列活动组成，这些活动按一定顺序执行。可将活动视为流程中的一个步骤，完成一个具体的功能，其中可以做出决策的活动称为决策点（Decision Point）。

（2）流模型的控制流部分 $E_{CF} := (E_C, C_T)$ 规定了活动如何通过控制链互连。其中，E_C 是控制链集合。控制链 (a, b) 是连接活动 a 和 b 的一条有向边，从它的初始活动 a 指向目标活动 b，规定了将要执行的活动顺序。C_T 是以 $<(a, b), e>$ 形式表达的变迁条件集合，其中 $(a, b) \in E_C$ 是控制链，e 是逻辑断言表达式，表达式的形式

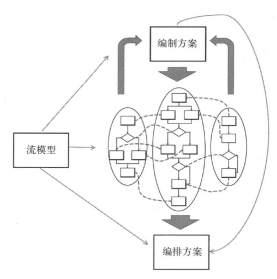

图 7.4　基于流模型的系统流程编排

参数可以引用活动 a 及其之前活动所产生的消息。以某一顺序执行两个活动时，必须遵循它们之间的逻辑条件。所有控制链和逻辑条件共同表示了所有活动之间可能的控制流。

（3）流模型的数据流部分 $E_{DF} := (E_D, C_D)$ 规定了一个特定活动的后继活动如何使用这个特定活动所生成的数据。其中，E_D 是数据链集合，是控制链集合 E_C 的子集。因此，仅当能够从初始活动通过控制链抵达目标活动时，才可以指定一个数据链，即数据流建立在控制流之上。C_D 是以 $<(a,b), d>$ 形式表达的传递数据项集合，规定了初始活动 a 向目标活动 b 传递的数据项 d。

（4）流模型描述的关键部分是活动。针对系统任务执行过程的动态特征，将各个服务的行为与操作作为流模型中活动的实现。活动可以引用服务接口类型的操作来指定在运行时需要由哪类活动完成某项业务功能。接口类型定义了流模型的外部接口。图 7.5 显示一个流程中的活动 A 对应的服务接口类型的操作 2。在任务执行过程中，需要使用一个相应的服务实体来实现活动 A。

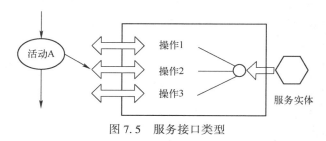

图 7.5　服务接口类型

流模型的控制结构可描述为一个带权重的有向无环图（Weighted Directed Acyclic Graph，WDAG）$G=(W,N,E_C)$。其中，活动 N 为图中的节点；控制链 E_C 为图中的有向边；W 为权重集合，表示任务从初始活动执行到目标活动的过程中需要付出的代价。G 是有向无环图，意味着在流模型的控制结构中不允许出现环。可以在该图中标记各个活动之间传递的数据项，这些数据项包含在图的边上。

构建流模型的一般步骤如下。

（1）确定流模型中的活动集合 N，包括参与集成的所有专业应用功能及其服务实体的活动。

（2）确定流模型中的数据链和数据信息项等。

（3）基于交互活动分析，发现流模型中不同业务活动之间的关联，建立控制链和相应的变迁条件。业务活动关联的形式主要包括顺序、选择、并行、迭代和调用等。

（4）将约束限制条件转化为对应的变迁条件并添加到控制链上，包括数据约束、过程约束、逻辑约束、资源约束、时间约束和依赖关系约束等。

（5）检查控制链和数据链是否符合相关要求，是否满足有向无环图的条件等，利用图算法对流模型进行优化。

流模型描述如何组合编排相关业务活动，指定活动执行步骤，规定决策点及步骤之间的数据传递关系等。采用流模型对系统中的多专业活动进行编排的过程实例如图 7.6 所示。

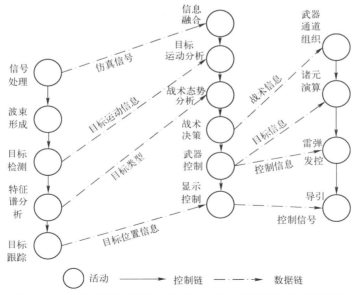

图 7.6　采用流模型对系统中的多专业活动进行编排的过程实例

流模型清晰地描述了多个业务流程中活动、执行步骤及它们之间的控制与数据依赖关系，据此可完成对应业务信息流程集成的编排方案设计。具体业务流程的运行可以根据编排方案实施，只要符合编排方案，就可以确保各流程之间的协调性和互操作性。基于全局观点的编排方案分离了业务流程之间的数据信息交换序列与内部业务流程时序逻辑。只要可见的数据信息交换序列和业务流程时序逻辑不变，各功能实体及服务的内部规则和逻辑就可以根据需要改变且不会相互影响。因此，基于流模型，可以在不影响整体流程的情况下，通过合理设计业务流程编排方案，极大地优化系统任务的执行效率。

流模型的实际执行方式有以下 4 种。

（1）顺序执行。两个任务按顺序执行，当前一个任务执行结束后，再执行下一个任务。

（2）并行执行。两个任务可以同时执行或按任意顺序执行。

（3）选择执行。当前任务结束后，根据条件，选择后续任务中的一个执行。

（4）循环执行。一个任务或多个任务执行多次。

7.3　流程编排的优化

流程编制和编排是为了将分布在系统各个成员功能服务实体中的活动有效组织起来，形成能够完成多样化任务的流程模型。在流程编制和编排过程中，受系统资源、任务完成时间要求、任务实施策略和活动顺序要求等的限制，需要对流程进行优化，以实现作战效能的最大化。流程编排的优化分为静态优化和动态优化。其中，静态优化在流程编制和编排方案形成阶段进行；动态优化在系统流程执行阶段根据体系资源、活动和状态的变化在线进行。

7.3.1　静态优化

静态优化是指在流程编制和编排过程中，要求在系统资源、任务执行时间、活动流程时序和完成效果等复杂条件的限制下，制订并优化流程编排方案。流程编排静态优化的目的是在有限的资源下，尽可能快速高效地完成复杂的作战任务。

1. 系统流程的优化策略

系统流程的优化策略主要包括以下几种。

（1）资源合理分配：要充分合理地利用系统中的各种资源，并考虑任务实施过程中资源的加入/退出情况。

（2）尽可能并行执行：在任务流程之间不存在冲突且资源充足的情况下，尽可能通过流程并行执行，提高任务完成效率。

（3）适当优化时序：通过适当调整活动的时序（如活动流程合并和结构变换）提高效率。

（4）结构优化：尽可能全面考虑流程执行过程中顺序、选择、并行和循环结构的原则性与整体性，以及结构调整的灵活性，同时控制流程结构的复杂性和易变性。

2. 流程编排优化的约束条件

流程编排优化的约束条件主要包括以下几个。

（1）资源约束：任意时刻资源（平台、子系统和武器等）的支配和使用不可超过当时该资源的最大可用数量。

（2）时间约束：将特定资源分配给某个任务流程的时间长度不可超过规定的分配与可使用的时间窗口。

（3）策略约束：防止任务之间因为资源数量和使用时间分配的不确定性和意外情况而产生冲突。

（4）有效性约束：总的资源和时间耗费应在要求的范围内，不安排无用或不能实施的任务。

（5）充分性约束：必须合理地安排任务，不能遗漏或错误地编排流程，以确保关键任务的顺利执行得到充分保障。

（6）复杂性约束：流程编排后应便于组织和实施，作战过程的复杂性应可控。

3. 流程编排优化的步骤

流程编排优化包含多个优化目标，是一个复杂高维的多目标、多约束优化问题。从军事信息系统的特征和执行任务的需求出发，确定优化的决策变量、目标函数和约束方程，考虑执行流程、可用资源及任务之间的交互关联。流程编排优化的主要步骤如下。

首先确定流程编排方案的优化目标和约束条件。多目标优化问题可以用如下数学模型表示。

（1）决策变量：一个 m 维向量 $\boldsymbol{x}$。

（2）目标函数：

$$\max / \min f_1(\boldsymbol{x})$$

$$\max / \min f_2(\boldsymbol{x})$$

$$\vdots$$

$$\max / \min f_k(\boldsymbol{x})$$

（3）约束方程：

$$x \in S$$
$$g_j(\boldsymbol{x}) = 0, \ j = 1, 2, \cdots, p$$
$$h_j(\boldsymbol{x}) \geqslant 0, \ j = 1, 2, \cdots, q$$

式中，$m > 0$ 是决策变量的数目；$k > 1$ 是优化的目标函数的个数；S 是系统决策变量 $\boldsymbol{x}$ 的可行域；p 和 q 分别代表关于 $\boldsymbol{x}$ 的两类约束条件的个数；max/min 代表目标函数优化的方向（最大化或最小化）。

在流程编排的多目标优化模型中，决策变量 $\boldsymbol{x} = (x_1, x_2, \cdots, x_m)$ 包括可用资源配置、流程活动时序、活动之间的交互方式、数据信息交互效率等。目标函数 f_1，$f_2, \cdots, f_k$ 主要包括作战效能、任务完成效率、资源消耗率、功能运用均衡性、流程执行时间等。这些目标之间并不完全独立，它们两两之间有一定的关联关系。例如，任务完成效率与资源消耗率呈负相关，同时与作战效能呈正相关。不同目标的优化方向不尽相同。例如，作战效能和任务完成效率的优化方向是最大化，而流程执行时间和资源消耗率的优化方向是最小化。

流程编排优化属于高维多目标多约束优化问题，可以采用多种优化算法求解，关于具体的求解方法，在本套丛书的《复杂高维多目标优化方法》分册中有详细的论述。

7.3.2　动态优化

动态优化是在任务执行过程中对流程进行的优化，目的是根据系统任务的变化、当前系统的状态和可用资源情况等，动态地调整业务流程，以便更好地应对战场的变化，获得更好的任务执行效果。动态优化主要包括相同资源调用分流、循环结构分流和并行结构合并三个方面。

1. 相同资源调用分流

当系统任务流程中的不同并行分支需要调用同一资源或功能服务时，由于在系统中存在多个（多种）相同的硬件资源（如平台或武器），或者该功能服务（软件资源）支持复制多个副本同时运行，需要进行多次调用分流，使任务执行过程中的并行流程可以并发调用同一资源或功能服务，以缩短流程执行时间，提高任务完成效率。

图 7.7 显示了在任务流程调用过程中，同一功能服务（软件资源）的调用分流情况。在系统中，服务方创建服务引用并将其绑定到对应的功能服务副本之后，才执行功能服务的调用，即每个服务引用都调用一个对应的功能服务副本。在

图 7.7 所示的任务执行流程中，两个分支流程需要同时调用服务 2，根据同一功能服务调用分流的原则，将这两次调用分配给两个功能服务引用对象执行。

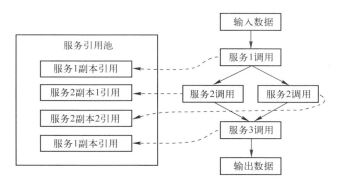

图 7.7　同一功能服务调用分流

2. 循环结构分流

在军事信息系统的任务流程中可能存在许多循环结构，这些循环结构可分为两种：依赖循环结构和非依赖循环结构。依赖循环结构是指上次循环结果对下次循环结果存在一定影响的循环结构；非依赖循环结构是指每次循环过程可独立执行的循环结构。循环结构分流主要针对非依赖循环结构，即将非依赖循环结构拆分成多个循环结构交由并行分流程处理，使循环过程可并发执行，从而缩短功能服务调用时延，提高任务执行效率。

图 7.8 显示了任务执行过程中循环结构的分流情况。在优化前的任务流程中存在一个非依赖循环，如果在系统中存在可以并发执行的流程软硬件资源，根据循环结构分流的原则，将该循环结构拆分成三个部分，分别交由这三个可并发执行的分流程（线程）处理。

3. 并行结构合并

在系统的任务流程中，由于各并行流程分支的运行时延不尽相同，可将执行时间较短的流程分支进行合并，保证各流程分支之间的执行时间均等，减少流程切换的开销。在军事信息系统中，由于在循环结构分流的过程中可能改变并行分支流程的数量和执行时长，因此需要在系统运行过程中完成流程优化。

图 7.9 显示了任务流程中并行结构的合并情况。在优化前的系统任务流程中存在三个并行的分支流程，第一个分支流程的执行时间超过第二个分支流程和第三个分支流程的执行时间总和。根据并行结构合并的原则，将第二个分支流程与第三个分支流程合并起来按顺序执行。

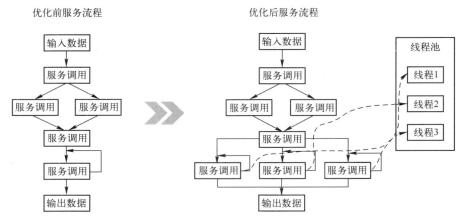

图 7.8　循环结构分流

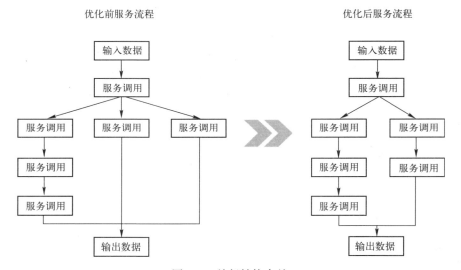

图 7.9　并行结构合并

7.4　系统流程集成案例设计

军事信息系统应用集成建立在数据集成、数据共享和功能集成的基础上。前文设计了服务化功能集成框架和原型系统方案，本节在服务化功能集成框架的基础上，设计了系统流程集成案例，其结构如图 7.10 所示。该结构在服务化功能集成框架的服务容器中增加了业务流程执行引擎和动态优化模块，同时在原有服务监控机制上增加了业务流程监控模块，分别部署在服务容器和服务注册中心。业务流程执行引擎不仅要根据流程编制和编排方案调度与驱动系统任务的执行，还要负责调度业务流程监控模块和动态优化模块，通过与服务注册中心业务流程监控模块通信，实现从全局监控系统流程的运行情况，并根据系统流程的运行情况和系统任务的执行情况调用动态优化模块，对系统流程进行优化。业务流程执行引擎运行过程如图 7.11 所示。

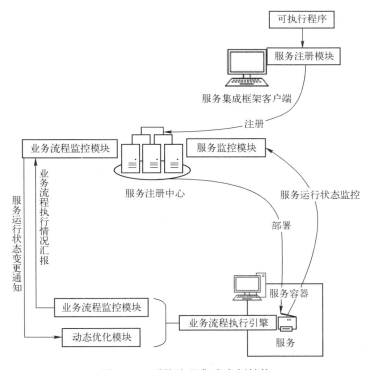

图 7.10　系统流程集成案例结构

业务流程执行引擎的运行可分为三个阶段。

（1）初始化：建立与服务注册中心的连接，进行初次动态优化。

（2）服务运行：在执行业务流程的过程中监控相关服务的执行状态。

（3）业务流程动态调整：当服务调用失败时进行业务流程调整，切换服务副本并再次执行动态优化。

业务流程监控需要对流程运行状态进行全局监控。流程运行状态监控主要包括以下两部分。

（1）服务存活情况监控。该部分主要表明当前服务实体的存活情况，运行中

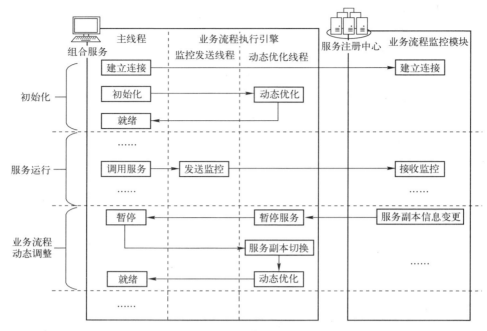

图 7.11　业务流程执行引擎运行过程

的服务实体以心跳报文的形式维持与服务注册中心的连接,当服务注册中心在规定的时限内未接收到心跳报文时,即认为该服务已不能正常提供服务。

(2) 服务负载情况监控。该部分主要监测当前服务所在硬件的 CPU 使用率、内存使用率、网络连通和 I/O 情况等,以及单位时间内服务被调用的次数。这些信息主要用于监测服务是否正常运行,并作为硬件负载均衡的依据。

为了实时监控流程的运行状态,及时了解发生异常的流程环节并做好应急处理,引入如下监控机制。

(1) 业务流程监控通过对流程运行状态的监控,判断当前的服务是否可用。

(2) 在流程执行过程中,在调用相关服务实体前后,需要分别向服务注册中心反馈调用时间、服务标识及调用标签信息。服务注册中心接收到这些信息后进行汇总。

(3) 当流程调用某个服务的失败次数超过上限时,服务注册中心将根据系统中服务实体的运行状态向流程推送其他可用的服务副本。

具体的业务流程监控过程示例如图 7.12 所示。

在图 7.12 中,服务 1、服务 2、服务 3、服务 4 副本 1 与服务 4 副本 2 为当前系统中正在运行的服务实体,服务实体在运行过程中与服务注册中心通过心跳报文保持连接,并定时向服务注册中心发送该服务副本当前的负载情况。

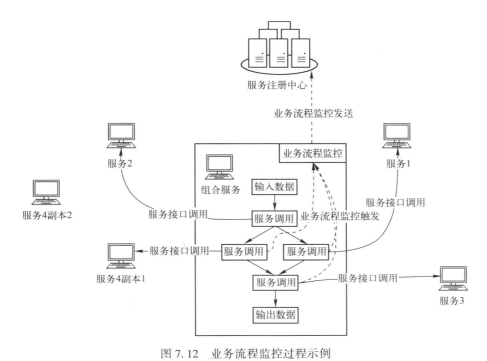

图 7.12　业务流程监控过程示例

7.5　本章小结

　　基于军事信息系统中各个成员节点的高度自治性、连接的动态性与开放性等特征，本章将分布式武器、平台、子系统和设备等以服务的形式，通过编制和编排技术，依据业务需求，将体系中分散在各个节点的功能、操作和活动等集成整合，形成有机的流程模式，建立了一种基于流模型的流程编排过程。针对军事信息系统在执行任务的过程中需要对流程进行重构与优化的要求，本章阐述了流程编排的静态优化策略，分析了动态优化的同一资源调用分流、循环结构分流和并行结构合并三个方面。最后，本章基于系统服务化功能集成框架，设计了军事信息系统应用集成案例，从而为军事信息系统流程集成提供技术支持。

第8章

军事信息系统的体系贡献度分析

● ● ● ● ● ● ● ●

21 世纪的战争是多军兵种联合使用由多种类型的武器、装备和子系统构成的武器装备体系，实施的陆、海、空、天、电、网多域协同的系统作战，军事信息系统是武器装备体系生成战斗力的基本支撑。军事信息系统在作战体系中实现单个武器、装备和子系统的交联耦合，使其快速融入整个系统，达到"1+1>2"的效果。为了研究电子信息系统及单个武器、装备、子系统对作战体系的影响程度，本章提出了"体系贡献度"这一概念，通过贡献度评估，研究电子信息系统及不同类型的武器、装备和子系统对作战体系能力与效能的提升作用。

体系贡献度是指在体系完成使命任务的前提下，某个武器、装备和子系统的增、减、改、替对现有体系的编成方式和作战能力生成机制的影响程度，对外表征为武器、装备、子系统对体系作战效能的贡献程度。军用信息系统需要融入作战体系，充分发挥作战能力"倍增器"的作用，支撑作战体系高效完成既定的使命任务。因此，要分析军用信息系统的体系贡献度，首先需要厘清体系贡献度的内涵，然后分析军事信息系统对体系能力生成的作用原理、军事信息系统对体系的贡献机理及对体系贡献度的评估方法。

8.1　体系贡献度基本概念

8.1.1　体系贡献度的内涵与分类

1. 体系贡献度的内涵

体系贡献度是指评估对象（各个武器、装备和子系统）对体系作战效果的影响程度或涌现效应的度量。将体系效能定义为"以军事信息系统为纽带和支撑，使各种作战要素、作战装备单元、作战子系统相互融合为有机的作战体系，将实时感知、隐蔽机动、高效指挥、精确打击、全维防护、综合保障等功能集成为一体所形成的具有倍增效应的作战效果"。因此，体系贡献度重点衡量新武器、新装备、新子系统加入体系后，体系内各个武器、装备、子系统在实时感知、高效指挥、精确打击、隐蔽机动、全维防护、综合保障等方面综合能力和行动效果的提升程度。

从内涵来看，体系贡献度包括两个方面：一是需求满足度，二是效能提升度。

（1）需求满足度。体系中各装备、子系统或能力要素之间相互影响。在这种影响关系下（尤其在紧耦合情况下），贡献者对受益者而言具有唯一性，即离开贡献者所提供的支持，受益者将无法完成任务。例如，信息融合系统提供数据融合与目标识别能力；武器系统必须依赖目标融合系统提供的目标信息才能实施精确打击。在这种情况下，贡献者的体系贡献度可由受益方的需求满足程度来衡量，即可将体系贡献度定义为贡献者（如目标融合系统）所提供的支持满足受益方（如武器系统）需求的程度，也称为需求满足度。需求满足度可用于作战体系内各系统的相互贡献度评估。

（2）效能提升度。一般来讲，体系由具有各种能力的侦察探测系统、武器装备和指挥控制系统等构成，新武器、新装备及新子系统加入体系后，会改变原有体系的作战能力。贡献者的体系贡献度可以通过作战效能的提升程度衡量，即可将体系贡献度定义为由于贡献者（新武器、新装备、新子系统）的使用而使原有的作战能力（作战效能）提升的程度。衡量的基础是作战效能，通过对新武器、新装备、新子系统使用前后作战效能的变化进行对比分析，获得贡献者的体系贡献度。

2. 体系贡献度的分类

由于体系中各个武器、装备、子系统存在复杂多样的协同或支援关系，因此可以从不同的角度对体系贡献度进行分类，如图 8.1 所示。

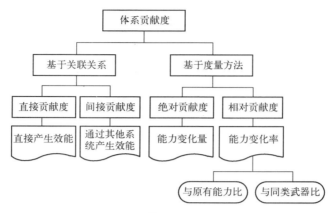

图 8.1　体系贡献度分类

（1）按照关联关系，可将体系贡献度分为直接贡献度和间接贡献度。按贡献者和受益者的关联关系，新装备、新武器、新子系统对体系的贡献度可从直接和间接两个方面来系统地测度与评价。直接贡献度主要指新装备、新武器、新子系统直接产生的军事效益。例如，对杀伤性武器来讲，其直接贡献度就是在给定任务中，目标毁伤数量占所要求的目标毁伤数量的比重。间接贡献度是指新装备、新武器、新子系统间接产生的军事效益。同样以杀伤性武器为例，其间接贡献度是指由于其毁伤目标而使部队生存能力等发生变化的度量。也就是说，间接贡献度是通过能力的级联效应反映的。军事信息系统的体系贡献度属于典型的间接贡献度。

（2）按照度量方法，可将体系贡献度分为绝对贡献度和相对贡献度。体系贡献度反映了新武器、新装备和新子系统所带来的作战能力的变化程度，变化程度可直接用变化量（差值）反映，也可以用变化率（比值）反映。绝对贡献度是指新武器、新装备、新子系统给整体作战能力带来的直接变化。通过衡量绝对贡献度，获得各新武器、新装备、新子系统对作战能力提升的贡献大小。相对贡献度是指新武器、新装备、新子系统给体系作战能力带来的变化率，即作战能力提升量占原有作战能力的比重。衡量相对贡献度的比较，获得体系作战能力变化中各新武器、新装备、新子系统对作战能力提升的贡献大小。

为了完成特定的作战任务，具有不同功能、不同能力的武器、装备、子系统需要协同作用，单个武器、装备或子系统可完成其中一项或多项任务。这样，绝对贡献度就是该武器、装备或子系统完成的任务量，而相对贡献度就是该武器、装备或子系统完成的任务量占总任务量的比重。

在体系贡献度评估中，无论是需求满足度还是效能提升度，都遵循以上分类标准。在具体评估时，要根据评估对象中武器、装备、子系统之间作战能力的相关性，将上述 4 种体系贡献度结合起来进行分析。

8.1.2　体系贡献度、系统效能与作战效能的关系

容易与体系贡献度混淆的概念是系统效能和作战效能。这三个概念既相互区别，又存在一定的联系。其中，系统效能又称为综合效能，是指在一定条件下满足一组特定任务要求的可能程度，是对武器、装备、子系统、体系的综合评价。作战效能是指作战力量在作战过程中发挥有效作用的程度，是反映和评价武器、装备、子系统及体系作战能力的尺度与标准。系统效能与作战效能的根本区别在于系统效能不考虑人的因素和敌我对抗；它们的共同点在于都是对武器、装备、子系统、体系自身能力的评价，用来描述对特定任务的完成度。

体系贡献度评估以作战效能评估的结果为基础，但重点考虑受益方的需求满意度或能力变化（增量）。这正是体系作战关注的重点，只有各作战要素密切协同、各种平台优势互补，才能形成全方位的、具有指数级倍增效应的整体作战能力。而军事信息系统是实现各作战要素密切协同、各种平台优势互补的基础手段，是体系联合作战能力的"倍增器"。

8.2　军事信息系统对体系能力生成的作用原理

要分析体系贡献度，首先需要明确体系的定义和内涵。关于体系的定义，目前业界还没有形成统一的认识。从军事领域出发，体系可以分为两大类，即装备体系和作战体系。装备体系是在一定的战略指导、作战指挥和保障条件下，适应体系对抗作战的特性和规律，由功能上相互支持、性能上相互协调的多种类型的武器、装备、系统、平台，按照一定的结构综合而成的更高层次的武器装备系统，用以完成特定的使命或任务，并达到最佳的整体作战效果。作战体系依赖装备体系的侦察探测系统、指挥控制系统、火力系统、通信系统、保障系统等，以军事信息系统为纽带和支撑，将情报侦察、指挥控制、火力打击、立体机动、信息对抗、全维防护、综合保障等作战能力集成于一体，将多种武器装备、各作战单元、各作战系统在更大范围内综合集成，面向复杂体系对抗条件下的作战任务、战场环境和敌我态势的动态变化，实现不同作战单元的高效协同和匹配适应，达到体

系作战效能的倍增。

体系通常具有以下特征：地理分布性、组分独立性与异质性、复杂不确定性、适应性与协同性、演化性、涌现性、连通性等，而体系中的武器、装备与子系统通过军事电子信息系统实现网络连通、数据共享、行动有机协同等，这是构建体系的基本途径，也是实现体系作战能力倍增和体系作战效能提升的基础。

将军事信息系统融合在体系作战中，通过获得战场信息优势、指挥控制优势和软硬杀伤优势，实现体系功能新增和能力跃升，获得倍增的体系能力和作战效能。

（1）军事信息系统通过数据共享，使体系作战的情报侦察、警戒探测和目标识别等方面的数据充分交互与融合，在体系内实现统一态势和信息共享，形成战场信息优势。

（2）军事信息系统通过体系内各个指挥控制单元的有序协作与交互，实现高对抗条件下的分布式协同决策，快速适应战场态势变化的多层级/多样式指挥，对多种类型的装备、武器和子系统进行联合有序控制，形成指挥控制优势。

（3）军事信息系统将侦察探测、指挥控制和火力打击等装备、武器和子系统有机连接，组成杀伤链。同时，信息优势能够有效提高单链能力，指挥控制优势能够增强多链能力，两者结合能够形成更多类型和数量的杀伤链，多链联合和同步实现了网络化（杀伤网）的软硬杀伤优势。

8.3 军事信息系统对体系的贡献机理

体系能力生成和作战效能达成是体系贡献度的实际表征，两者综合体现在具体的装备体系配置和作战使用上。体系能力是一种对复杂使命领域的敏捷适应能力，包括针对不同使命作战对象的组合应用能力，以及针对不同目标的动态适应能力。作战效能是指不同使命任务和作战对象下，针对战场环境和动态对抗，体系中各要素的高效协同，实现战场信息优势、指挥控制优势和软硬杀伤优势，使任务完成效果发挥倍增效应。军事信息系统将体系中的武器、装备与子系统通过网络互连，实现数据共享、协同指挥控制和杀伤链联合同步。因此，从体系能力生成和作战效能达成层面来看，军事信息系统对体系的贡献机理体现为体系的协同机理、适应机理和涌现机理。

1. 协同机理

体系作战过程最终体现为由多个"侦—探—控—打—评"杀伤链构成的杀伤

链网络。在体系中，通过军事信息系统，形成协同侦察预警、协同态势感知、协同规划决策和协同作战行动，各个兵力单元协同完成杀伤链各环节的闭合衔接和多条杀伤链之间的行动同步，使体系的互操作程度、协作程度、同步程度及作战速度等指标明显提高。

2. 适应机理

体系的适应机理体现在针对不同的战场环境、态势变化和威胁程度，体系能够做出调整和部署，完成"使命—任务—作战活动"的体系使命需求空间分解，形成针对不同威胁的体系使命空间和任务活动方案，将作战资源配置到作战活动中，形成作战体系的兵力编成和作战行动方案空间，并在体系作战过程中，根据战场环境、攻防态势和对抗行动的变化，形成动态更新和持续匹配的适应能力。

3. 涌现机理

体系一般具有层级结构，层级结构使体系具有整体涌现性。由于军事信息系统使作战体系网络具有层次性，因此体系功能链路也具备层级特点，由高到低可以分为体系作战任务链路、领域系统任务链路、作战单元任务链路、作战平台任务链路。低层任务链路一般是高层任务链路中的一个或部分环节，能够通过层级关系聚合到上层任务链路，在聚合过程中实现整体涌现。

8.4 军事信息系统对体系贡献度的评估方法

军事信息系统对体系能力生成的作用原理和对体系的贡献机理，与侦察探测、指挥控制、火力打击、全维防护、综合保障等方面的装备、武器和子系统有很大区别。因此，将军事信息系统融入体系后，需要建立适配的体系贡献度分析评估框架、评估指标框架和评估方法。

8.4.1 体系贡献度分析评估框架

体系贡献度分析评估建立在体系作战效能分析的基础上。作战效能是指特定条件下体系对预期任务完成程度的度量，是对体系相对动态的评估。体系贡献度分析评估框架如图 8.2 所示。

由图 8.2 可知，体系贡献度分析评估主要分为任务场景描述、评估指标框架构建、作战效能分析和贡献度评估 4 个步骤。其中，作战效能分析主要基于作战环模型完成特定任务场景下的体系效能分析；贡献度评估以作战效能分析结果为依据，对比分析不同条件下体系效能的变化情况，定量地计算武器、装备和子系统的体系贡献度。具体步骤如下。

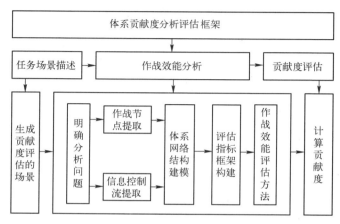

图 8.2　体系贡献度分析评估框架

（1）确定任务场景描述。根据既定作战任务，生成评估场景。

（2）进行特定任务场景下的作战效能分析。

① 分析体系中的装备、武器和子系统，依据体系各要素间的逻辑关系构建作战效能分析网络拓扑模型；抽象出作战环中的节点和边，根据作战活动对节点和边进行建模，构建整个作战网络模型，进而构建评估指标框架。确定装备、武器、子系统及整个体系的主要战技指标，据此收集相关的定性和定量数据。

② 计算各个作战环的作战效能值。作战环节由多种能力共同支撑完成。不同的能力对整个作战过程（一个作战环）的作用程度不同，因此采用不同的模型方法计算作战环的作战效能值。

③ 根据各个作战环的作战效能值，计算作战环整体的作战效能值。

④ 考虑多个作战环的协同作用，计算特定任务下体系的作战效能评估值。

（3）研究要素贡献度评估。

① 确定所研究的要素及该要素由 e_0 更新至 e_1 后的输入数据，重复步骤（2），计算该任务场景下体系中的要素（武器、装备和子系统）增、减、改、替后的作战效能 E_{e_0}（更新前）和 E_{e_1}（更新后）。

② 根据需要选择不同的体系贡献度计算公式，将该要素更新前的作战效能 E_{e_0} 与更新后的作战效能 E_{e_1} 代入公式，得到所研究要素的体系贡献度。

8.4.2　体系贡献度评估指标框架

传统的效能评估一般是先建立树状效能指标体系，然后进行单项评估，最后进行综合评估。确定树状效能指标体系需要遵循针对性、独立性、完备性、可测性、客观性、简明性等原则，其中独立性和完备性为两个核心原则，但这两个原则只适用于系统静态或弱动态条件，如果体系处于动态对抗条件下，树状效能指标体系将难以达到预期的目标。因此，构建体系效能指标需要满足以下要求。

（1）将各项指标独立的"指标树"转变为各项指标相互关联的"指标网"。在体系效能评估中，各指标之间实际是网状结构而非树状结构，因此需要用复杂的网络理论而非简单分解还原理论来研究网络化体系，评估指标框架也应是网状的，而非树状的。

（2）将各项指标向上合并的"简单和"转变为网状综合向上跃变的"涌现和"。对作战体系而言，不能仅用局部指标的简单求和得到整体效能，即"1+1≠2"。体系效能应是涌现出来的网络化整体性"相变"效果，这些效果会产生新性质，实现任务完成能力的跃变。因此，下级指标需要从整体条件出发向上涌现，综合形成上级指标。

（3）将效能的"单一值"转变为"结果云"。体系效能的评估结果不会只有一个，而应有一组。在复杂体系效能评估中，结果与决策是相关多值变化的，需要不断地动态测量，而非一次性评估。

体系贡献度评估的本质是体系局部对体系整体的贡献评价，因此需要构建作战体系的整体性指标，从体系全局角度考虑武器、装备、子系统局部所产生的影响。作战体系的整体性度量必须建立在对抗、动态和整体三位一体的基础之上。作战体系的整体性指标可以从体系作战要素的协同、态势共享、互操作性（网络互连程度）、体系生存性、作战节奏、信息质量、杀伤率等方面进行衡量。

对基于军事信息系统的体系联合作战而言，体系的核心要义是网聚能力，基础支撑是信息系统。作战能力生成和作战效能达成由两方面的能力组成：一是要素能力，包括侦察预警、指挥控制、立体机动、软硬攻防、兵力夺控、整体防护、综合保障等能力；二是信息基础支撑能力，包括信息传输、信息处理、信息存储、信息分发共享、信息安全保密等能力。

体系形成的基础是军事信息系统中的武器、装备和子系统的网络化集成。体系完成使命任务的核心手段是针对体系目标形成一系列杀伤链或杀伤网，因此可以从网络化、信息化、链路化的角度对体系的整体性进行度量，构建相应的体系贡献度评估指标框架。

（1）体系的网络化测度指标。从各作战要素网络化的角度出发，建立衡量各类作战要素所构成的子网络（如探测网络、火力网络、指挥控制网络、保障网络）的整体度量指标（不仅考虑各要素的互连、数据共享，还要形成有效的互操作）。

（2）体系的信息化测度指标。信息化是体系的重要特征，信息的获取、传输、共享和处理能力是体系的支撑性能力之一，从整体上度量体系的信息化水平是体系评估的重要内容。

（3）体系的链路化测度指标。体系作战本质上是体系杀伤链随时间展开的过程。因此，从整体上度量体系杀伤链的数量、速度和质量能够很好地刻画作战体系的全局特征。

当前，从网络化、信息化、链路化的角度构建体系贡献度评估指标框架并开展体系贡献度评估，已经成为体系研究的一个重要方向。《面向关键能力的陆军全域作战体系贡献率评估》一文基于多源战役战术情报获取能力、体系互联/信息共享/一体化指挥控制能力、复杂电磁环境下的空天目标拦截能力、远程精确打击和火力遮断能力、高效时敏目标打击能力等关键能力，构建了体系贡献度评估指标框架。《基于深度置信网络的武器体系贡献评估方法》一文提出了"功能—能力"聚合装备体系贡献度评估指标框架，该指标框架以空战为背景，提出了预警侦察能力、信息共享能力、态势感知能力、火力打击能力和生存保障能力5类能力（每类能力都包括相应的支撑功能），通过深度置信网络训练上述5类能力与整体作战效能之间的定量关系，计算体系效能值，最终通过效能值变化计算体系贡献度。

8.4.3　基于作战效能的体系贡献度评估方法

根据体系能力生成、军事信息系统对体系的贡献机理，基于体系评估指标框架设置，需要将军事信息系统和相关武器、装备、子系统纳入体系及其作战链路，以度量各个系统的体系贡献度。根据以上分析，应从以下三个方面建立基于效能的体系贡献度评估方法。

- 依据体系协同机理，考察武器、装备、子系统与同层次或同一个杀伤链的其他要素之间的效能影响关系，以及由此衍生出的对上层要素的效能。综合以上两点得出该武器、装备、子系统在同层次要素中的重要性。
- 基于体系适应性机理，将体系使命分解为不同的任务序列，考察武器、装备、子系统对体系的适应性（对支撑体系的兼容性）和对体系任务的完成效果，综合得出武器、装备、子系统对体系使命的适应度。

● 基于体系涌现机理，自底向上分析下级单元对上级单元的影响度，并通过逐层聚合计算体系作战效能，这种效能的计算依赖对涌现行为的度量方法。

基于军事信息系统作用于作战体系的特点，以及体系能力生成和作战效能达成的机理，可以将体系贡献度评估方法分为基于增量、比值、满意度及效费比4类。

1. 基于增量的评估方法

基于增量的评估方法是对体系纳入和使用增替新装备统后所产生的作战效能（作战能力）变化量的评估方法。分析评估增替新装备在整个体系中的贡献程度，可分为以下几种情况。

（1）原体系中没有该型装备，增加新研装备后，评估新研装备对体系的贡献情况。例如，在传统装备体系中配备新概念武器，评估新概念武器对作战能力的贡献程度。

（2）用新研装备替换同类型老装备，评估新研装备对体系的贡献程度，如用改进型装备替换原有装备。

（3）用新研装备替换不同类型但功能类似的老装备，评估新研装备对体系的贡献程度。

（4）针对新研装备在体系中的不同编配数量规模及运用方式，评估其对体系的贡献情况。

针对以上几种情况，把增加新研装备后的体系称为新装备体系，把未使用新研装备的体系称为原装备体系。基于增量的评估方法的原理是将新装备体系和原装备体系进行对比，新装备体系在体系作战能力或作战效能上产生的增量就是体系贡献度。可描述如下。

设新装备体系作战效能为 E_1，原装备体系作战效能为 E_2，且 $f_1, f_2, \cdots, f_n$ 对应各效能指标，则体系贡献度可表示为

$$\Delta E = E_1(f_1, f_2, \cdots, f_n) - E_2(f_1, f_2, \cdots, f_n)$$

显然，ΔE 可能为正值，也可能为负值。若 ΔE 为正值，则说明采用新装备体系后效能提升，即新装备对体系有贡献；反之，若 ΔE 为负值，则说明采用新装备体系后效能下降，即新装备对体系作战起到阻碍作用；若 $\Delta E = 0$，则说明新装备对体系没有贡献。

考虑到体系作战效能是各单项效能的综合体现，如火力打击效能、信息处理效能、综合保障效能等，设 E_{1i} 为新装备体系的某单项效能，E_{2i} 为原装备体系对应的该单项效能，$i = 1, 2, \cdots, k$。则该单项效能的体系贡献度可表示为

$$\Delta E_i = E_{1i}(f_{1i}, f_{2i}, \cdots, f_{ik}) - E_{2i}(f_{1i}, f_{2i}, \cdots, f_{ik})$$

增加新装备后，体系结构可能更加复杂，同时新装备会消耗体系的资源，可

能会出现体系中部分单项效能提升、部分单项效能下降的情况。因此，体系贡献度也可表示为单项效能贡献度的函数，即：

$$\Delta E = Q(\Delta E_1, \Delta E_2, \cdots, \Delta E_k)$$

在体系中，若各单项效能对体系效能的影响是叠加的，则 ΔE 表示为

$$\Delta E = w_1 \Delta E_1, w_2 \Delta E_2, \cdots, w_k \Delta E_k$$

式中，$w_1, w_2, \cdots, w_k$ 为各单项效能的权重。

若部分单项效能对体系效能有突出影响，则 $Q(\Delta E_1, \Delta E_2, \cdots, \Delta E_k)$ 为非线性函数，有：

$$Q(\Delta E_1, \Delta E_2, \cdots, \Delta E_k) = m_1 \Delta E_1^{n_1} + m_2 \Delta E_2^{n_2} + \cdots + m_k \Delta E_k^{n_k}$$

式中，$m_1, m_2, \cdots, m_k$ 和 $n_1, n_2, \cdots, n_k$ 为常数。

为方便计算，通常采用线性函数计算体系贡献度。然而，在体系中，部分单项效能往往对体系效能有突出影响。例如，打击类武器装备、综合电子信息系统等对体系效能有突出影响。在这种情况下，建议采用非线性函数计算体系贡献度。

2. 基于比值的评估方法

将任务完成概率作为评估体系完成规定使命任务的指标。根据体系贡献度的定义，在分析某项装备的体系贡献度时，采用基于比值的方法进行建模，即在原有体系的基础上增、删、替、改相应装备后，对完成任务概率的相对变化程度进行计算。考虑到作战能力为体系的静态或固有属性，而作战效能为体系作战能力的发挥，是动态属性，可从静态和动态两方面度量体系贡献度。

1）增加新装备对体系作战能力的贡献度（静态属性）

设新装备的作战能力为 E_1，该新装备在体系中发挥的作战能力为 E_2，则该新装备对体系作战能力的贡献度可表示为

$$C_j = \frac{E_2}{E_1} \times 100\%$$

显然，$C_j \geq 0$；若 $C_j = 0$，则说明该新装备对体系作战能力没有贡献。

一般来说，体系作战能力是侦察预警、指挥控制、火力打击、综合保障等单项能力的综合体现。因此，该新装备对体系各单项能力的贡献度可描述如下。

若 $E_{1i}(i=1,2,\cdots,k)$ 对应某单项能力，$E_{2i}(i=1,2,\cdots,k)$ 对应体系内新装备的该单项能力，则该新装备对体系单项能力的贡献度为

$$C_i = \frac{E_{2i}}{E_{1i}} \times 100\%$$

考虑到体系作战能力可表示为各单项能力的函数，令 $E_1 = f(E_{11}, E_{12}, \cdots, E_{1n})$，$E_2 = f(E_{21}, E_{22}, \cdots, E_{2n})$，则该新装备对体系作战能力的贡献度可进一步描述为

$$C_i = \frac{f(E_{11}, E_{12}, \cdots, E_{1n})}{f(E_{21}, E_{22}, \cdots, E_{2n})} \times 100\%$$

2）新装备对体系作战效能的贡献度（动态属性）

类似地，新装备对体系作战效能的贡献度可描述为：设在联合作战任务中，新装备的作战效能为 E_t，其发挥的作战效能为 E_z，则该新装备对体系作战效能的贡献度为

$$C_d = \frac{E_z}{E_t} \times 100\%$$

3. 基于满意度的评估方法

满意度指新装备纳入作战体系后，满足作战需求的程度。体系中存在某些特殊装备，它们是体系的关键节点，具有唯一性，缺乏这些装备会导致体系无法完成作战任务。例如，如果缺乏通信装备，则系统之间无法通信，无法接收指控信息。若依据前文对体系贡献度的定义，该类装备的贡献度将达到 100%，这显然是不合理的。考虑到体系中配置该类装备的最终目标是促进体系满足功能要求（任务要求），可以从该类装备满足体系作战需求的角度给出其贡献度的量化方法。

针对体系中的关键节点装备，使用"满意度"这一指标来衡量该类装备在体系联合作战中的贡献度。设某关键节点装备某项能力为 E_i，体系对该项能力需求的理想值为 E_i^*，则该装备的满意度可表示为

$$C = \frac{E_i}{E_i^*} \times 100\%$$

关于 E_i^* 的取值，可依据体系的任务需求和功能需求分析得出。

4. 基于效费比的评估方法

新装备纳入体系后，需要计算其发挥的作战效能（作战能力）与体系增加的消耗及成本的比值。效费比即效能和费用的比值，或者消耗的兵力、兵器与任务执行效果的比值，主要用于武器装备发展的经济性论证。新装备纳入体系后，除去自身的成本，还要占用体系的资源，增加整体消耗。这里将效费比的概念扩展到贡献度的评估中。

体系贡献度一般由 5 部分组成，即侦察探测效能贡献度 E_1、指控决策效能贡献度 E_2、综合攻防效能贡献度 E_3、综合保障效能贡献度 E_4 和信息支持效能贡献度 E_5。体系贡献度可以形式化地描述为

$$R_{EC} = \sum_{i=1}^{5} w_i E_i$$

式中，w_i 表示各效能贡献度的权重，由层次分析法计算得出。E_i 的计算公式为

$$E_i = \frac{E_i^{\mathrm{N}} - E_i^{\mathrm{C}}}{E_i^{\mathrm{C}}} \times 100\%$$

式中，E_i^{N} 表示新装备的第 i 种效能；E_i^{C} 表示对应的效能成本。

8.5 本章小结

  军事信息系统为武器装备体系生成战斗力提供了基础支撑。在作战体系中，军事信息系统可实现单个武器、装备和子系统的交联耦合，使其快速融入整个体系，达到"1+1>2"的效果。体系贡献度是在体系完成使命任务的前提下，反映某个武器、装备和子系统的增、减、改、替对现有体系编成方式、作战能力生成机制和作战效能实际发挥的影响程度，对外表征为武器、装备、子系统对体系作战效能的贡献程度，也称为体系效能贡献度。军事信息系统需要融入作战体系，充分发挥作战能力"倍增器"的作用，支撑体系高效完成既定的使命任务。通过贡献度评估，量化军事信息系统对体系作战能力和作战效能的贡献程度。本章介绍了体系效能贡献度的定义，分析了军事信息系统对体系能力生成的作用、原理及军事信息系统对体系的贡献机理；建立了体系贡献度分析评估框架、评估指标框架和基于作战效能的体系效能贡献度评估方法，为量化军事信息系统对体系作战能力和作战效能的贡献提供了技术支撑。

第 9 章

军事信息系统数据共享效应评价

●●●●●●●●

军事信息系统数据共享效果直接影响系统的任务效能。数据共享效应是对各种数据共享集成活动自底向上地聚合到系统任务效能的度量。系统的数据集成需要在不同成员之间实现数据共享与信息交互，数据集成效应分析能够有效评价、检验数据共享的效果。首先，分析并建立系统数据共享集成效应指标，从信息获取能力、信息传输能力、信息共享能力和信息互操作性等方面来评价军事信息系统的数据共享效果；其次，面向服务化的军事信息系统"即插即用"功能集成，从功能重组的灵活度、功能结构的合理性、功能的柔性、功能实体之间的互操作性等方面进行功能集成效应评价；再次，从流程反应时间、平台/子系统的实时调度能力、流程重构时间、系统协同性、过程冗余度和过程资源冲突率几个方面对流程集成效应进行评价；最后，在集成效应评价过程中，需要将底层指标需求聚合到上层指标中，从而提出了基于 Choquet 积分的数据共享效应聚合方法。

9.1 数据共享集成效应指标

在数据共享过程中，不同平台、子系统需要实现信息交互与共享。系统中各个成员的信息具有分散性和异构性。其中，分散性表现为信息在时间和空间上的分散；异构性表现为相关信息的描述、格式、交互方式等存在很大的差异。数据共享是指利用通信技术、数据库技术和中间件技术等，在共享信息模型、公共基础设施和软件中间件等的支持下，将各个平台、子系统中孤立的信息源关联起来，确保每个成员在每个阶段、每个活动中都能在正确的时间、正确的地点以适当的方式获取所需的信息。

数据共享的目标是将分布在不同平台、子系统中自治和异构的多处局部数据源中的信息有效地集成，实现各平台、子系统间的信息共享与融合。其核心是数据集成，即将不同平台、子系统中信息不一致的、缺乏数据交换共享的异构分布数据源进行集成，构建完善的数据共享环境。数据集成还应解决数据、信息和知识（包括经验）之间的有效转换问题。军事信息系统具有数据类型多样、数据结构各异、数据来源复杂、数据之间语义关系复杂、数据操作不兼容等特点，因此数据共享有两个难点：①如何处置异构数据处理所引发的一系列冲突和问题；②如何高效地对信息进行组织、调度和共享，同时保持数据的一致性和完整性。因此，系统数据共享的实现过程主要包括建设数据标准和规范（如行业数据字典、核心共享数据结构模型、联合技术体系结构等）、建立信息组织与管理机制，并采用统一的数据表示、数据交换和接口标准，建立信息通用基础设施（如共有硬件和支撑软件）等，实现异构信息的集成，提高数据共享能力。军事信息系统数据共享效应主要体现在信息获取能力、信息传输能力、信息共享能力、信息互操作性等方面。

综上所述，系统数据共享集成效应指标如图 9.1 所示。

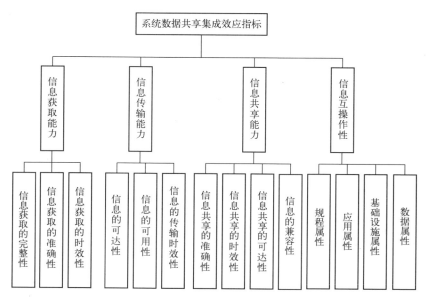

图 9.1　系统数据共享集成效应指标

9.1.1　信息获取能力

信息获取能力是指系统利用声呐、雷达、单传感器或传感器网络等设备获取环境、态势和内部状态等信息的能力。信息获取能力的影响因素主要包括获取的信息源种类、探测目标的种类、信息获取的范围、目标获取密度、目标测量精度、信息密度、信息精度、信息质量、信息覆盖范围、信息获取时延、接入的传感器数量等，其衡量指标主要包括信息获取的完整性、信息获取的准确性和信息获取的时效性。

1. 信息获取的完整性

信息获取的完整性反映的是军事信息系统探测和发现目标的能力，是指特定作战环境内战场感知态势中目标种类及数量与战场客观态势的吻合程度。由于战场感知态势是随时间变化的，所以信息获取的完整性指标是时间的函数。假设 t 时刻对战场目标探测信息的完整性指标为 $\beta(t)$，它包含探测到的目标种类的完整性 $C(t)$ 和探测到的目标数量的完整性 $N(t)$，则有

$$\beta(t) = C(t) \times N(t)$$

式中，

$$C(t) = \frac{t\,时刻正确探测到的目标种类数}{t\,时刻客观态势中实际存在的目标种类数}$$

$$N(t) = \frac{t\,时刻正确探测到的目标数量}{t\,时刻客观态势中实际存在的目标数量}$$

2. 信息获取的准确性

信息获取的准确性反映了军事信息系统的目标识别能力，是指特定军事信息系统感知态势中敌方目标的种类、数量、特征等与真实目标相吻合的程度，也是指信息源获取情报信息的精度。信息获取的准确性是对信息映射真实性的度量，其影响因素包括目标位置误差、时间精度误差、定位精度误差。一般地，目标参量可分为特征型参量和数值型参量两大类。例如，目标种类（如潜艇、水面舰、飞机等）属于特征型参量；而目标数量、目标距离、坐标等属于数值型参量。对于特征型参量，首先应该进行量化处理。

假设 $\boldsymbol{P}_i(t)$ 表示第 i 个目标 t 时刻在客观作战态势中的特征向量，可以表示为

$$\boldsymbol{P}_i(t) = [p_1^i(t), p_2^i(t), \cdots, p_l^i(t), \cdots, p_m^i(t)]$$

式中，m 为第 i 个目标的特征型参量个数；$p_l^i(t)$ 为作战客观态势中目标的第 $l(l \in [1,2,\cdots,m])$ 个特征分量，可以用目标类型、速度、距离、身份属性、型号等来

描述。

设 $A_{ij}(t)$ 为第 j 种探测搜索手段（如声呐、雷达、光电等）在 t 时刻针对目标 i 所获得的特征向量，可表示为

$$A_{ij}(t) = [a_p^i(t), \cdots, a_q^i(t)], \quad p \leqslant q \leqslant m$$

即

$$[a_p^i(t), \cdots, a_q^i(t)] \subseteq [p_1^i(t), p_2^i(t), \cdots, p_l^i(t), \cdots, p_m^i(t)]$$

设 $\omega_l^i (l \in [1, 2, \cdots, m])$ 为第 i 个目标的每个特征向量在该目标整体目标特征中的权重，则第 j 种探测搜索手段针对目标 i 获取的观察信息与对应目标的偏离程度 $D_{ij}(t)$ 可定义为

$$D_{ij}(t) = \sum_{l=p}^{q} \omega_l^i \left| \frac{a_l^{ij}(t) - p_l^{ij}(t)}{p_l^{ij}(t)} \right|, \quad \sum_{l=1}^{m} \omega_l^i = 1$$

利用探测搜索手段针对目标 i 获取的观察信息与对应目标的偏离程度 $D_i(t)$ 可定义为

$$D_i(t) = \sum_{l=1}^{m} \omega_l^i \left| \frac{a_l^i(t) - p_l^i(t)}{p_l^i(t)} \right|, \quad \sum_{l=1}^{m} \omega_l^i = 1$$

第 i 个目标在 t 时刻信息获取的准确度定义为 $1 - D_i(t)$。若总共有 k 个敌方目标，则在 t 时刻信息获取的准确度为

$$\overline{D}(t) = \sum_{i=1}^{k} \frac{1 - D_i(t)}{k}$$

注意，对于目标特征向量中的某些目标特征分量，若没有探测搜索手段获取其观测信息，则可认为对该目标这部分特征分量的观测偏离程度无限大，对应信息获取的准确性为零。

3. 信息获取的时效性

信息获取的时效性是指探测/监视战场环境中作战目标的实时性，以及采集和处理情报信息的实时性。系统信息获取的时效性指标是利用探测搜索手段 i 获取满足作战需求的信息总量的时间概率特性，即

$$P_i = P(T_i \leqslant T_{\max})$$

式中，P_i 为系统信息获取时效性的时间概率特性；$T_{\max}$ 为信息获取最大允许时间；T_i 为获取满足作战需求的目标特征信息所需的时间，可表示为

$$T_i = T_{采样周期|i} + T_{处理|i} + T_{延迟|i}$$

式中，$T_{采样周期|i}$ 为探测搜索手段 i 的信息采集周期；$T_{处理|i}^*$ 为信息处理时间；$T_{延迟|i}$ 为各种因素造成的延迟。假定某特定作战任务需求的信息获取时效性为 $T_{\max}$，若 $T_i \leqslant T_{\max}$，则认为该信息获取的时效性满足该作战需求，信息具有时效性；否则，则认

为该信息获取的时效性不满足该作战需求，信息不具有时效性。

9.1.2　信息传输能力

军事信息系统的信息传输能力是指各个平台、子系统组成网络且各节点生成信息后，在规定的时限内，将信息及时、准确地传输到其他节点的能力，或者指其他节点准确获取该信息的能力。军事信息系统的信息传输能力取决于信息传输速率、传输带宽、网络结构、信息容量、表达效率、通信协议兼容性及装备水平等因素。其衡量指标主要有信息的可达性、信息的可用性、信息的传输时效性。

1. 信息的可达性

信息的可达性主要通过分析系统中各个平台、子系统之间的连通性和信息传输的丢失率评价。连通性表征单平台、子系统之间的网络连通状况。信息传输的丢失率指标用于度量各个平台、子系统之间发送和接收信息的完整程度。由于系统中各个平台、子系统对不同类型信息的品质要求各不相同，因此对信息的丢失率要求不一样。例如，目标指示信息的连续性要求比战场态势信息的连续性要求高得多。某类信息传输丢失率的计算方法为

$$p_1 = \frac{N_1}{N_s}$$

式中，p_1 为该类信息的传输丢失率；N_1 为统计时间内信息的丢失数量；N_s 为统计时间内信息的发送数量。

2. 信息的可用性

信息的可用性是指信息到达指定的平台、子系统后满足上层活动需求的情况，主要用信息密度、信息一致度、信息传输时延、信息正确率、信息更新率、信息传输精度等技术指标评价信息传输系统的时效性、可靠性、正确性等。

（1）信息密度是指所获得的信息总量中所携带有用信息的比例。

（2）信息一致度是指在系统中不同平台、子系统中相关信息的一致性程度，以及探测搜索系统和融合解算系统中敌情数据的一致性程度。

（3）信息传输时延用于评价跨平台、跨子系统信息传递所需时间，指的是端到端的时延，主要检验态势信息、目标信息、命令信息、文电信息等的实时性是否满足作战使用的要求。信息传输时延的计算公式为

$$T_i = \frac{1}{m} \sum_{n=1}^{m} t_n, \quad t_n = t_r - t_s$$

式中，T_i 为该类信息的平均传输时延；t_n 为第 n 条信息的传输时延；t_r 为第 n 条信

息被接收的时刻；t_s 为第 n 条信息被发送的时刻；m 为统计时间内传输的该类信息总数量。

（4）信息正确率用于评价系统中跨平台、跨子系统传递信息的正确性。在作战使用中，不同用途的信息对信息正确性的要求各不相同。例如，态势类信息对信息的正确率要求比目标指示类信息、文电类信息低。系统中有的信息不允许出现错误，一旦出现错误就要丢弃重传，且必须进行严格的校验，如作战命令。信息正确率的计算公式为

$$P_m = \frac{N_e}{N_r}$$

式中，P_m 为信息正确率；N_e 为接收到的错误信息量；N_r 为接收到的信息总量。

（5）信息更新率主要用于评价跨平台、跨子系统信息传递速度是否满足体系武器发射、作战指挥等方面的需求。信息传输系统的装备类型很多，不同装备的性能各不相同，有的信息传输速率高，信息更新率就高；有的信息传输速率低，信息更新率就低。信息更新率的计算公式为

$$F = \frac{m}{t_m - t_1}$$

式中，F 为信息更新率；m 为在统计期间收到的该类信息总数量；t_m 为第 m 条信息收到的时刻；t_1 为第一条信息收到的时刻。

（6）信息传输精度主要用于评价信息跨平台、跨子系统传输后的精度是否满足作战需求。在军事信息系统中，信息传输精度主要用于衡量目标类信息传输后的精度。接收到跨平台、跨子系统传输的目标信息后，利用目标信息的位置参数（方位、距离或经度、纬度）和运动参数（航速、航向）与发送时目标的位置参数及运动参数之间的误差均方根（二阶原点矩的平方根）来度量信息传输精度。

3. 信息的传输时效性

信息的传输时效性是指在规定的时限内以最快的速率将信息传递给其他网络节点的能力。在军事信息系统中，平台、子系统一般采用数据链进行信息传输，其传输时效性取决于数据链的信息传输速率、传输带宽、网络结构、路由选择、信息容量、表达效率、通信协议兼容性及装备水平等因素。

一般来说，数据信息从发送端到接收端的平均时间 $\overline{T}$ 可表示为

$$\overline{T} = T_{传输} + T_{交互} + T_{延误} + T_{收通} + T_{发通}$$

式中，$T_{传输}$ 为信息在传输通道传输的时延；$T_{交互}$ 为操作人员在整个流程中的人机交互时延；$T_{延误}$ 为人为因素造成的时延；$T_{收通}$ 为从数据链接收信息到显示信息所需的时间；如果信息发送和信息接收的设备、信息格式及转换格式一致，可认为 $T_{发通} =$

$T_{收通}$。信息传输的时效性可定义为

$$\eta = \begin{cases} 1, & \overline{T} \leqslant T_{\lim}^0 \\ 0, & \overline{T} > T_{\lim}^0 \end{cases}$$

式中，$T_{\lim}^0$ 表示作战任务对信息传输时效性的需求。当 $\overline{T} \leqslant T_{\lim}^0$ 时，认为信息的传输时效性满足作战需求；否则，认为信息的传输时效性不满足作战需求。

9.1.3　信息共享能力

信息共享能力是指系统对提交的信息正确地建立索引、存储和传递，并使其在各个平台、子系统中正常工作的能力。信息共享能力采用准确性、时效性、可达性、兼容性和有效性等指标进行描述。

1. 信息共享的准确性

信息共享的准确性是指信息在共享过程中不发生错误、保持原义的程度。可直接通过分析信息共享的结果描述信息共享的准确性。假设在 t 时刻，战场上有 m 个目标，第 i 个目标有 n 个属性，其中第 j 个属性的取值为 $h_{ij}(j=1,2,\cdots,n)$，则目标真实的特征向量为

$$\boldsymbol{H}_i(t) = [h_{i1}, h_{i2}, \cdots, h_{ij}, h_{in}]$$

平台、子系统获取的目标特征向量可表示为

$$\overline{\boldsymbol{H}}_i(t) = [\overline{h}_{i1}, \overline{h}_{i2}, \cdots, \overline{h}_{ij}, \overline{h}_{in}]$$

共享后，获取的信息值与真实值之差为

$$D_i(t) = [\boldsymbol{H}_i(t) - \overline{\boldsymbol{H}}_i(t)] = [h_{i1} - \overline{h}_{i1}, h_{i2} - \overline{h}_{i2}, \cdots, h_{in} - \overline{h}_{in}] = [d_{i1}, d_{i2}, \cdots, d_{in}]$$

由此可得 t 时刻信息共享的准确性为

$$\mathrm{LA\_V}(t) = 1 - \frac{1}{mn} \sum_{i=1}^{m} \sum_{j=1}^{n} \frac{d_{ij}(t)}{h_{ij}(t)}$$

2. 信息共享的时效性

信息共享的时效性是指共享信息的寿命周期适用于任务周期的程度，可以用共享信息寿命周期和任务周期的时间重合度来衡量。设共享信息寿命周期的起点时间为 T_{start}，终点时间为 T_{end}，任务周期的起点时间为 C_{start}，终点时间为 C_{end}。利用这 4 个时间可以计算出两个时间段：共享信息的寿命时间段为 T_{inf}，任务周期时间段为 C_{task}，其中，$T_{\mathrm{inf}} = T_{\mathrm{start}} - T_{\mathrm{end}}$，$C_{\mathrm{task}} = C_{\mathrm{start}} - C_{\mathrm{end}}$。$T_{\mathrm{inf}}$ 和 C_{task} 的重合度有 6 种情况，如图 9.2 所示。对应的信息共享的时效性满足情况如表 9.1 所示。

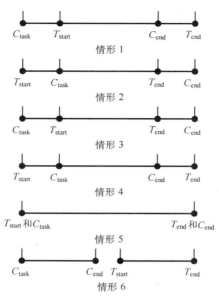

图 9.2　T_{inf} 和 C_{task} 的重合度

表 9.1　信息共享的时效性满足情况

情形名称	情形描述	满足任务系统	无资源浪费	不延迟任务
情形 1	T_{inf} 和 C_{task} 交叉重叠	★		
情形 2	T_{inf} 和 C_{task} 交叉重叠	★		★
情形 3	$C_{\text{task}} > T_{\text{inf}}$	★		
情形 4	$C_{\text{task}} < T_{\text{inf}}$	★		★
情形 5	$C_{\text{task}} = T_{\text{inf}}$	★	★	★
情形 6	T_{inf} 和 C_{task} 相离			

注：★代表满足要求。

3. 信息共享的可达性

信息共享的可达性是指信息共享的广度和深度，在衡量时可以参考共享节点的参与度，以及共享信息占总信息量的百分比。

4. 信息的兼容性

信息的兼容性是指信息在共享过程中，在不同平台、子系统及不同应用环境下能够保持可用状态的程度。其影响因素有系统中各个平台、子系统支持的信息类型、格式的完整程度及信息的互操作性等。可根据系统支持的信息格式、信息种类、通信接口等性能参数来衡量信息的兼容性。

9.1.4　信息互操作性

信息互操作性是指两个或两个以上的平台、子系统之间交换信息并相互利用所交换信息的能力。互操作性的概念范围很广，只要系统中子系统或应用之间能够交换信息并相互利用所交换的信息，就认为它们具有互操作性。为方便对系统的信息互操作性进行评估，可利用信息互操作性等级参考模型来表达信息的互操作性。该模型可以描述不断增加的信息交换和利用要求，以及支持它的相应支撑环境。该模型如表 9.2 所示。

表 9.2　信息互操作性等级参考模型

支撑环境	互操作性等级	互操作性属性			
		P	**A**	**I**	**D**
通用的	跨域级	跨域级	交互式	多维拓扑	跨域级模型
集成的	领域级	领域级	组件式	WAN	领域级模型
分布的	功能级	程序级	桌面自动化	LAN	项目级模型
对等的	连接级	局部/站点级	标准系统驱动程序	简单连接	局部格式
人工的	隔离级	人工访问控制	不适用	独立	专用格式

在该模型中，信息互操作性从低到高分为隔离级、连接级、功能级、领域级和跨域级五个等级。同时，不同等级的信息互操作支撑环境分为人工的、对等的、分布的、集成的和通用的五个层面。对应于不同的信息互操作性等级和支撑环境，信息互操作性的属性分为规程（P）、应用（A）、基础设施（I）和数据（D）四类。

1. 规程属性（P）

信息互操作性的规程属性由多种提供指导和操作控制的文件构成，而这些文件影响系统的开发、集成和操作等各个方面。该属性由操作性和功能性的程序开发指南，以及技术体系结构和体系架构规范组成，其内容包括标准、管理、安全和运行四个方面。

2. 应用属性（A）

信息互操作性的应用属性由系统的任务确定，主要包括系统的业务应用软件和共性支撑软件。在软件架构上，主要表现为从独立业务应用程序、基于客户/服务器模式的应用程序到跨领域、跨组织的应用程序。

3. 基础设施属性（I）

信息互操作性的基础设施属性包括在平台、子系统之间建立连接的通信网络、计算机网络、系统服务、通用信息共享基础软件及安全设备等。基础设施属性主要包括交互信息协议的遵循情况、系统信息传递的正确性、控制协议的可执行性及系统互操作能力等。该指标主要保障平台、子系统之间的信息能够准确、及时地传递，控制命令能够正确地执行。

4. 数据属性（D）

信息互操作性的数据属性主要是对处理的信息进行描述，涉及数据格式（语法）和数据内容或含义（语义）两个方面。该属性包括一般文本、格式文本、数据库、视频、语音、图像、图形、数据模型等所有数据类型和格式。

信息互操作性等级参考模型为信息的互操作性属性提供了基准值。在表 9.2 中，列是四个互操作性属性，行是五个互操作性等级，在行与列的交叉点给出了每个互操作性等级应具备的基本特征和属性。该模型用规程、应用、基础设施和数据四种属性来表征互操作性的五个等级，在确定互操作性的每个等级时都必须考虑上述四种属性，但每种属性的重要程度会随着等级的变化而变化，且每个等级都有一个关键属性。隔离级的关键属性是规程；连接级的关键属性是基础设施；功能级的关键属性是应用；领域级的关键属性是数据；跨域级的关键属性是数据和规程。

9.2 功能集成效应评价

军事信息系统功能集成要求如下。

（1）提供各平台、子系统功能实体之间的互操作性。在对等层级进行有效的信息交换以满足功能请求，实现不同平台、子系统之间功能的互操作。

（2）在分布式环境中提供功能实体的可重用性和移植性。在集成过程中尽量做到对原有功能实体的重用，实现应用程序在不同平台、子系统之间的动态迁移，且不破坏原有系统所提供的或正在使用的服务。

（3）提供各功能实体的分布透明性。分布透明性屏蔽了由平台、子系统的分布性所带来的复杂性，降低了功能实体之间的耦合性。

（4）提供集成过程的控制能力。通过安全服务和用户权限判定，实现集成过程控制。

（5）提供功能编排重组的能力。面对不同作战任务，能够动态编排、重新组合各个功能实体。

因此，功能集成效应主要体现在功能重组的灵活度、功能结构的合理性、功能的柔性、功能的耦合性、功能实体之间的互操作性与功能的集成度等方面。

综上所述，功能集成效应指标如图 9.3 所示。

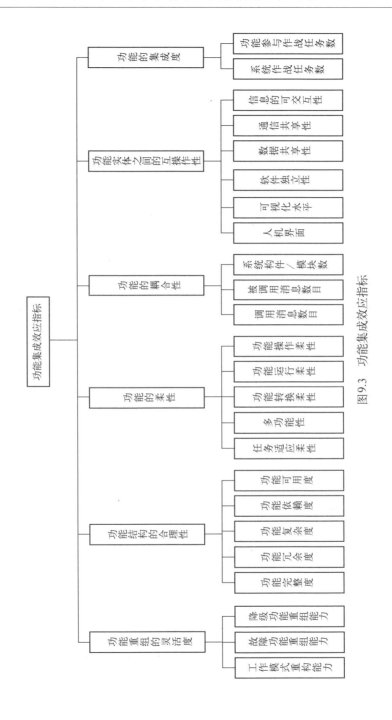

图9.3　功能集成效应指标

9.2.1 功能重组的灵活度

功能重组的灵活度主要体现为系统能否在不同作战任务和作战态势下，具有动态灵活的功能编排重组能力，包括工作模式重构能力、故障功能重组能力和降级功能重组能力。工作模式重构是指在系统构成不变的情况下，当作战任务发生变化时，通过对各个平台、子系统的功能实体进行重新编排与组合，形成能够完成该任务的功能实体集和作战实施流程。故障功能重组是指在系统中，当部分平台、子系统或其功能实体发生故障或失效时，在不损失系统性能和效能的情况下，通过功能容错、替换等方式实施功能重组，确保完成相应的作战任务。降级功能重组是指通过停止低优先级的功能，释放足够的资源，以支撑高优先级功能的重组。随着新技术的发展，系统功能集成以灵活的接口访问和功能封装方式作为支撑。例如，借助 SOA、COM/DCOM、EJB、CORBA 这些具有平台无关性、松散耦合性、完好封装性、协议标准性等特点的技术手段，功能实体之间的集成更易实现。

9.2.2 功能结构的合理性

功能结构的合理性是指在系统集成过程中，平台、子系统配置是否合理，是否满足特定作战任务的需求，它为作战资源的分配和部署提供依据。功能结构的合理性指标主要包括功能完整度、功能冗余度、功能复杂度、功能依赖度、功能可用度等。

（1）功能完整度：描述了被评价功能集 C_e 中包含的对作战任务有用的功能在整个系统功能集中的比例，即

$$f_1 = \left| \sum_{i=1}^{m} A(C_{ei}) \cap A(\mathrm{CIM}) \right| / \left| A(\mathrm{CIM}) \right|$$

式中，$A(C_{ei})$ 为第 i 个实体包含的功能集；$A(\mathrm{CIM})$ 为系统包含的功能集。

（2）功能冗余度：描述了被评价功能集 C_e 中对完成系统任务无用的功能的比例，即

$$f_2 = \left(\sum_{i=1}^{m} \left| \mathrm{PA}(C_{ei}) \right| - \left| A(\mathrm{CIM}) \right| \right) / \left| \sum_{i=1}^{m} \mathrm{PA}(C_{ei}) \cap A(\mathrm{CIM}) \right|$$

式中，$\mathrm{PA}(C_{ei})$ 为第 i 个实体对外提供的功能集。

（3）功能复杂度：描述了被评价功能集 C_e 中实体之间交互连接的复杂程度，即

$$f_3 = \sum_{i=1}^{m} (\ |\mathrm{RA}(C_{ei}) \cap A(\mathrm{CIM})| \ + \ |\mathrm{PA}(C_{ei}) \cap A(\mathrm{CIM})| \ )$$

式中，$\mathrm{RA}(C_{ei})$ 表示第 i 个实体对外所需的功能集合。

（4）功能依赖度：描述了被评价功能集 C_e 中所有实体需要从其他实体获取功能的依赖程度，即

$$f_4 = \sum_{i=1}^{m} |\mathrm{RA}(C_{ei})|$$

（5）功能可用度：描述了在保证被评价功能集 C_e 包含完成任务所需功能的前提下，每个功能可以被立即有效地使用的程度，即

$$f_5 = \frac{\sum_{i=1}^{m} f_{2i}}{m}$$

式中，f_{2i} 表示第 i 个实体的功能可用度，可用则取值为 1，不可用则取值为 0；m 为被评价功能集 C_e 中的功能数量。

9.2.3　功能的柔性

针对军事信息系统中特定的作战任务，把需求抽象成功能需求和非功能需求的集合，称为问题域。当问题域发生变化时，这些变化的需求最终反映在系统功能和构成的变化上。当新任务和新需求出现时，需要对系统结构或运行实体进行适当的调整，使其功能发生一定的改变，满足不同作战任务的要求。因此，系统功能的柔性可以定义为：在保持基本特征不变的情况下，针对不同的作战任务和战场环境，系统功能能够进行平稳、协调变化的性质，它是系统集成潜在能力的外在表现。利用功能的柔性，系统能在一定范围内满足不同作战任务动态多变的需求。

多样化作战任务要求系统具备强大的功能重配置（或功能柔性重组）能力，以支撑面向多种任务，快速编排形成能够完成不同任务的有机功能体。功能的柔性可以从以下几个方面描述。

（1）任务适应柔性：平台、子系统对作战任务的功能适应性。衡量指标包括作战任务变化时所需的准备时间、调整和更换时间、使用过程准备时间等。

（2）多功能性：一个（套）平台、子系统可实现的功能的多样性。

（3）功能转换柔性：功能在不同作战任务之间的转换适应性。衡量指标是功能从一项作战任务转向另一项作战任务时所需要的转换时间。

（4）功能运行柔性：处理内部局部故障、维持功能原状的适应性。衡量指标是发生故障时故障处理所需的时间或效能的降低程度。

（5）功能操作柔性：操作人员快速有效地处理多种作战任务的能力。高功能操作柔性能快速适应作战任务的变化。

9.2.4　功能的耦合性

功能的耦合性（CBC）描述了一个功能实体与其他功能实体有耦合关系的交互次数，包括调用次数和被调用次数，其形式定义为

$$\mathrm{CBC}_i = \sum_{j=1}^{|\mathrm{Coms}|} \mathrm{Msg}_{ij} + \sum_{j=1}^{|\mathrm{Coms}|} \mathrm{Msg}_{ji}$$

式中，$|\mathrm{Coms}|$ 是系统中功能实体的总数；Msg_{ij} 是功能实体之间交互矩阵中的元素，表示为

$$\mathrm{Msg}_{ij} = \begin{cases} 1, & \text{构件 } c_i \text{ 与 } c_j \text{ 之间有消息传递，且 } i \neq j \\ 0, & \text{其他} \end{cases}$$

功能的耦合性越高，说明该功能实体与其他功能实体之间的使用关系越复杂，过高的功能耦合性对模块化设计有害且不利于复用。同时，功能的耦合性越高，该功能对系统中其他功能的变化越敏感，可维护性越差；功能的耦合性越低，平台、子系统中功能实体的独立性越强，对其他功能实体或外部环境的依赖越弱，从而更容易更换系统中的功能实体且不影响整个系统的运行。

9.2.5　功能实体之间的互操作性

互操作性是指在对等层次上进行有效的信息交换以满足功能需求，提供不同平台、子系统之间信息的互连、互通及功能之间的互操作，主要体现系统中平台、子系统相互提供/接收服务并高效合作的能力。

功能实体之间的互操作性指标主要包括规程类指标、应用类指标与数据类指标。

规程类指标主要体现系统采用了哪些建设指导文件、遵循了哪些标准规范文件、有哪些安全策略文件等，包括标准架构、管理规定、安全策略三类标准文件。

应用类指标体现平台、子系统采用了哪些共性应用软件、通用应用接口或组

件、共性应用服务等，包括应用系统、应用服务、应用接口三大类应用功能软件。这些软件所体现的功能可作为互操作性评估应用方面的能力指标。

数据类指标是体现互操作能力的关键指标，互操作的目的是实现数据之间的交互与理解。影响数据互操作性的关键指标有三类：数据模型、数据格式和数据字典。其中，数据模型决定了数据的表示方式和存储方式；数据格式决定了数据的显示方式；数据字典保证了数据的语义理解。互操作性的数据属性主要是对信息进行描述，涉及数据格式（语法）和数据内容或含义（语义）两个方面。

9.2.6　功能的集成度

功能的集成度是对功能集成合理性的描述。若系统中增加了某一作战任务，而该作战任务所需的大多数功能为其他作战任务所需要的，则该作战任务的功能应集成到系统中。集成到系统中的功能至少被一种作战任务所需要。某功能被越多的作战任务所需要，该功能越值得独立存在。定义"功能-任务"矩阵：其列代表作战任务的种类，其行代表功能的种类，矩阵元素为各子功能对各作战任务的可共用性度量，利用特定规则计算此矩阵各元素的值，则可定量计算出功能集成度。具体计算规则如下。

（1）假定有 n_0 种不同的作战任务，m_0 个子功能参与集成，该"功能-任务"矩阵为 $m_0 \times n_0$ 阶矩阵。

（2）如果某一子功能仅对 $n_i(1 \le n_i \le n_0)$ 种作战任务存在可共用性，则相应的元素值为 n_i，其余元素值为 0（不需要此子功能）或 1（需要此子功能，但无可共用性）。

（3）每行（对应某一子功能）各元素之和除以 n_0^2，得到该子功能可共用性的度量值，即

$$I_1 = \frac{\sum_{i=1}^{n_0} n_i}{n_0^2}$$

（4）通过 I_1 的值得出系统的功能集成度为

$$I = \frac{\sum_{j=1}^{m_0} (I_1)_j}{m_0} = \frac{\sum_{j=1}^{m_0} \left(\sum_{i=1}^{n_0} n_i\right)_j}{n_0^2 m_0}$$

9.3 流程集成效应评价

流程集成是指在数据集成和功能集成的基础上，将独立的平台、子系统的各个功能、活动和行为过程集成起来，使流程运行达到最优，系统的数据共享整体性能/效能达到最大。评价系统流程集成效应的核心指标是流程反应时间，其他指标有平台/子系统的实时调度能力、流程重构时间、系统协同性、业务过程冗余度、过程资源冲突率等，如图9.4所示。

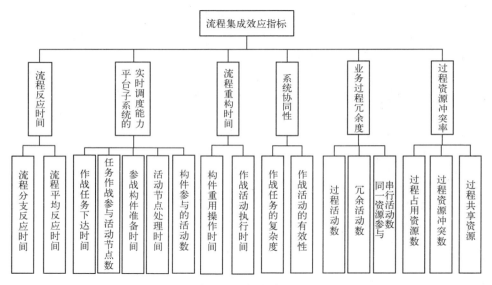

图 9.4 流程集成效应指标

9.3.1 流程反应时间

系统集成要求根据具体的任务，选择相关的分系统组成有机整体，动态构建系统流程。因此，动态构建的系统流程的反应时间成为影响系统任务完成的一个重要因素。本章提出了基于时间 Petri 网（Time Petri Net，TPN）的流程分支反应时间计算模型：先在时间 Petri 网的基础上，建立系统流程模型，形成计算流程分支路径的最短反应时间和最长反应时间的方法，再将系统流程模型转换为同构的马尔可夫链，通过流程分支的转移概率计算系统流程的平均反应时间。通过上述操作，从反应时间上对系统流程的性能进行精确计算，为系统整体性能和效能的分析与评估提供支持。

军事信息系统流程是指在不同任务实施过程中各种活动执行的时序、逻辑关系，以及形成的各个资源（包括软硬件分系统和人员）调用流程（包括数据流程和控制流程）。流程建模的目的是使相应的任务以最高的效率完成。流程性能在很大程度上决定了任务实施效率，因此需要度量系统流程的性能。衡量系统流程性能的一个重要指标是流程反应时间，反应时间越短，说明系统任务执行得越顺利。

9.3.1.1　基于时间 Petri 网的流程分支反应时间

系统流程的反应时间需要采用最长反应时间、最短反应时间及平均反应时间来度量。在系统任务实施过程中，针对不同的状态、不同的时段，可能会执行不同的流程。最长反应时间是指系统流程从开始实施到结束可能经历的最长时间；最短反应时间是指系统流程从开始实施到结束可能经历的最短时间；平均反应时间是指系统执行全部流程的平均时间。

对于不同的任务，系统流程不仅要定义哪些活动需要被执行，还要决定一系列活动的执行次序、持续时间或开始/结束时间等。Petri 网具有强大的系统静态模型描述和动态行为分析能力。在 Petri 网中，有一个过程"起点"和"终点"。用库所表示条件，用变迁表示活动。活动执行关系可以用 4 种基本结构来表示，即顺序、选择、并行、循环，这种关系通过在两个活动之间添加一个库所进行连接。时间 Petri 网在经典 Petri 网的基础上，为每个变迁关联一个实施的时间间隔，能有效描述异步并发的流程，非常适合分析系统中各个分系统之间的活动流程及其时间约束。基于时间 Petri 网构建系统流程模型（SoS Flow Model，SFM），面向系统中分系统形式上松散耦合、活动执行紧密协同等特性，能够高效分析计算流程所消耗的最长时间和最短时间。

在系统任务实施过程中，信息扮演着非常重要的角色。以外部目标指示信息为例，只有该信息需求得到满足，流程才能继续执行。因此，在建模过程中需要引入数据概念，解决 Petri 网的无数据问题，同时支持数据流和控制流分离。由此可以定义 SFM，其泛化片段如图 9.5 所示。

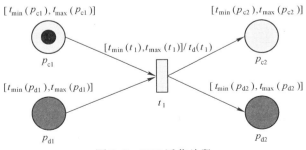

图 9.5　SFM 泛化片段

SFM 是一个八元组，即 SFM = $(P_c, P_d, T, F_c, F_d, C, D, M)$，其中：

$P_c = \{p_{c1}, p_{c2}, \cdots, p_{cm}\}$ 为非空有限控制库所集；

$P_d = \{p_{d1}, p_{d2}, \cdots, p_{dm}\}$ 为非空有限数据库所集；

$F_c \subseteq P_c \times T \cup T \times P_c$ 是有限控制弧集；

$F_d \subseteq P_d \times T \cup T \times P_d$ 是有限数据弧集；

C 为关联库所和变迁的实数对 $[t_{min}, t_{max}]$ 的集合；

D 为变迁的执行延迟 $t_d(t)$ 的集合；

M 为用来描述系统状态的 m 维向量集合（标识），其中分量 $M(p)$ 表示库所 p 中的托肯（token）数，一般用 M_0 表示初始标识。

在 SFM 中，控制流始终控制系统流程的运行，而数据流为控制流的运行提供必要的数据支持。因此，假设 SFM 只存在控制托肯。在 SFM 中，从控制流的角度看，$[t_{min}(p_{c1}), t_{max}(p_{c1})]$、$[t_{min}(p_{c2}), t_{max}(p_{c2})]$ 分别是控制库所 p_{c1} 和 p_{c2} 上的局部时间约束，表示控制库所支持后续变迁发生的使能区间。例如，库所 p_{c1} 在 T_0 时刻获得一个托肯，则在区间 $[T_0 + t_{min}(p_{c1}), T_0 + t_{max}(p_{c1})]$ 内，t_1 在控制流上是使能的。

各分系统之间的连接是松散的，数据并不一定能够被及时获得并使用。因此，在数据的使用过程中，需要明确限定数据到达和离开数据库所的时间，并在 SFM 中显式地体现出来。$[t_{min}(p_{d1}), t_{max}(p_{d1})]$、$[t_{min}(p_{d2}), t_{max}(p_{d2})]$ 分别是数据库所 p_{d1} 和 p_{d2} 上的局部时间约束，表示数据库所支持后续变迁发生的使能区间（在控制库所支持变迁使能的基础上）。

活动要求具有执行时间段和执行延迟的约束。$[t_{min}(t_1), t_{max}(t_1)]/t_d(t_1)$ 是变迁 t_1 上的局部时间约束。其中，$[t_{min}(t_1), t_{max}(t_1)]$ 表示变迁 t_1 的可触发区间；$t_d(t_1)$ 表示变迁 t_1 的执行延迟时间。假设变迁 t_1 在 T_1 时刻使能，由于受变迁的局部时间约束，变迁 t_1 只能在区间 $[T_1 + t_{min}(t_1), T_1 + t_{max}(t_1)]$ 内触发。

用 $I_p(t)/O_p(t)$ 表示变迁 t 的输入/输出库所集合；$I_t(p)/O_t(p)$ 表示库所 p 的输入/输出变迁集合；$\delta = (M_0 t_1 M_1 \cdots t_i M_i \cdots t_n M_n)$ 表示系统流程从状态 M_0 到达状态 M_n；$\delta_k(M_n)$ 表示从 M_0 到 M_n 的第 k 条路径上除第 1 个变迁外的其他所有库所和变迁的序列，n 为这个序列中最后一个变迁的序号；$t_{EE}(t)/t_{LE}(t)$ 表示变迁 t 的最早/最迟使能时间；$t_{EF}(t)/t_{LF}(t)$ 表示变迁 t 的最早/最迟可触发时间；$t_{EB}(t)/t_{FE}(t)$ 表示变迁 t 触发的开始/结束时间。则有

$$[t_{EB}(t), t_{FE}(t)] \subseteq [t_{EF}(t), t_{LF}(t)] \subseteq [t_{EE}(t), t_{LE}(t)]$$

$$t_{FE}(t) - t_{EB}(t) = t_d(t)$$

建立 SFM 后，可以计算系统流程反应时间。首先分别计算每条路径的反应时间，然后综合计算整个流程的平均反应时间。某系统 SFM 如图 9.6 所示。

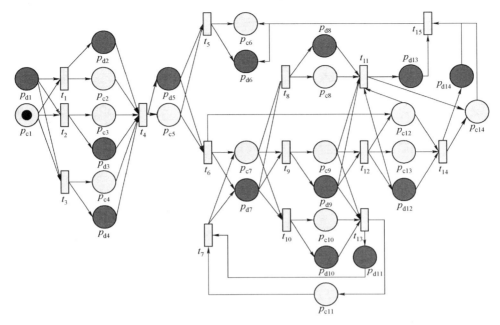

图 9.6　某系统 SFM

在系统 SFM 中，库所和变迁都有时间约束，因此可以计算流程路径的最短和最长反应时间，表示为

$$\mathrm{Min}(T_{\mathrm{f}}) = \sum_{i=0}^{n-1} \{ \max(t_{\min}(p_{ci}), t_{\min}(p_{di}) + [t_{\min}(t_i) + t_{\mathrm{d}}(t_i)]\} + T_0$$

$$\mathrm{Max}(T_{\mathrm{f}}) = \sum_{i=0}^{n-1} \{ \min(t_{\max}(p_{ci}), t_{\max}(p_{di}) + [t_{\max}(t_i) + t_{\mathrm{d}}(t_i)]\} + T_0$$

在系统任务实施过程中，会根据状态变化在不同的时间段执行不同的任务，导致流程路径发生切换。需要综合流程中分支路径的转移概率计算系统流程的平均反应时间。

9.3.1.2　基于马尔可夫链的流程平均反应时间

由于在流程执行过程中，随时可能因为状态的变化导致流程路径的切换，因此可以将 SFM 转换为同构的马尔可夫链，通过流程的转移概率分析系统流程的平均反应时间。图 9.7 所示为 SFM 示例，其同构马尔可夫链如图 9.8 所示。

根据同构马尔可夫链构建状态转移矩阵 Q，当状态 M_i 和状态 M_j 由一条弧相连时，表示可以从状态 M_i 转移到状态 M_j，则 Q 中的元素 $\lambda_{i,j}$ 表示从状态 M_i 转移到状态 M_j 的概率。当状态 M_i 和状态 M_j 之间没有弧时，Q 中相应的元素 $\lambda_{i,j}$ 值为 0。状态转移矩阵 Q 对角线上的元素值为 1，表示状态内部转移概率为 1。SFM 同构马尔

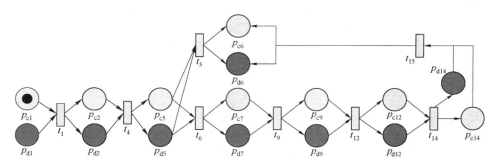

图 9.7　SFM 示例

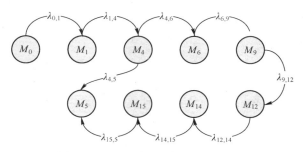

图 9.8　SFM 示例的同构马尔可夫链

可夫链状态转移矩阵表示为

$$
Q = \begin{bmatrix}
1 & \lambda_{0,1} & \lambda_{0,2} & \cdots & \lambda_{0,n-1} \\
\lambda_{1,0} & 1 & \lambda_{1,2} & \cdots & \lambda_{1,n-1} \\
\vdots & \vdots & \vdots & \vdots & \vdots \\
\lambda_{n-2,0} & \lambda_{n-2,1} & \cdots & 1 & \lambda_{n-2,n-1} \\
\lambda_{n-1,0} & \lambda_{n-1,1} & \cdots & \cdots & 1
\end{bmatrix}
$$

系统流程的平均反应时间是指从状态 M_0 出发，通过所有可能的分支并到达最终状态 M_e 的平均时间。在此过程中，从上一个状态 M_{i-1} 转移到当前状态 M_i 的平均最短反应时间和平均最长反应时间分别为

$$
\mathrm{AveMin}(M_i) = (\max(t_{\min}(p_{ci}), t_{\min}(p_{di}) + [t_{\min}(t_i) + t_d(t_i)]) \times \lambda_{i-1,i}
$$

$$
\mathrm{AveMax}(M_i) = (\min(t_{\max}(p_{ci}), t_{\max}(p_{di}) + [t_{\max}(t_i) + t_d(t_i)]) \times \lambda_{i-1,i}
$$

则系统流程的平均最短反应时间和平均最长反应时间分别为

$$
\mathrm{AveMin}(T_f) = \frac{\displaystyle\sum_{i=1}^{n} \mathrm{AveMin}(M_i)}{n}
$$

$$\mathrm{AveMax}(T_{\mathrm{f}}) = \frac{\sum_{i=1}^{n} \mathrm{AveMax}(M_i)}{n}$$

9.3.2　平台/子系统的实时调度能力

平台/子系统的实时调度能力是指新建成的或重组的系统开始运行后达到规划或设计的状态的过渡时间。平台/子系统的实时调度能力是衡量系统性能的一个重要指标。对于具体的作战任务场景，平台/子系统的实时调度能力主要包括：平台/子系统进入系统的调度时间，即何时进入系统；作战任务流程的选择，即根据作战任务需求，确定各种平台/子系统所应参与作战任务的次序；参与各个作战活动的次序。影响平台/子系统实时调度能力的主要因素包括作战任务下达时间、作战任务的参与活动节点数、各参与平台/子系统准备时间、各活动节点处理时间、信息传输时间、平台/子系统参与的活动数、参与调度的平台/子系统数等。

9.3.3　流程重构时间

（1）重用时间 t_1。平台/子系统需要采用不同的重用方式（完全重用、重配置和修改重用）来满足作战任务的需要。重用时间指 C_{e} 中所有平台/子系统进行重用操作所需的时间，即

$$t_1 = \sum_{i=1}^{m} t_{1i}$$

（2）作战流程重构执行时间 t_2。C_{e} 中所有平台/子系统从开始使用到投入使用再到系统作战流程运行所需的配置和部署等时间，即

$$t_2 = \sum_{i=1}^{m} t_{2i}$$

9.3.4　系统协同性

系统协同性是指不同平台/子系统之间协调合作实现作战任务的实时性、有效性。完成一个目标所需的协同度取决于作战任务本身的复杂程度和完成作战任务所需的活动之间的关系。系统协同度决定了系统效能。

9.3.5　业务过程冗余度

记 $P=\{P_T,R\}$ 为作战任务中的业务过程。其中，$P_T=\{p_1,p_2,\cdots,p_n\}$ 表示业务过程中所有子业务过程的集合；$R=\{<p_i,p_j>\}$（$i=1,2,\cdots,n-1$；$j=i+1,i+2,\cdots,n$）表示子业务过程之间的各种关系，用 $P_r=\{p_{r1},p_{r2},\cdots,p_{rm}\}$ 表示活动过程集合。若 $P_i\cap P_j\neq\varnothing$，则称业务过程具有冗余。在系统的整个业务过程中，业务过程冗余所占的比例称为业务过程冗余度。

9.3.6　过程资源冲突率

在电子信息系统作战任务中，不同的作战任务共同占用的资源是共享的，这类资源之间一般不产生冲突。而有些资源是不能共享的，这类资源在使用过程中可能会引发冲突，影响作战过程的顺利进行，甚至在作战过程中产生死锁。

用 $P_{ri}(t_{0i},t_{1i})$ 表示第 i 个过程 P_i 占用的资源，t_{0i},t_{1i} 表示占用资源的起止时间。如果

$$P_{ri}(t_{0i},t_{1i})\cap P_{rj}(t_{0j},t_{1j})\neq\varnothing,\ i=1,2,\cdots,n;\ j=i+1,\cdots,n$$

则在作战过程中存在资源冲突。在整个过程中，具有资源冲突的过程所占的比例称为过程资源冲突率。

9.4　数据共享效应聚合方法

9.4.1　聚合权重向量计算

系统集成从数据共享、功能集成和流程集成等层面开展，在进行系统数据共享效应评价的过程中，需要建立层次化的数据共享集成效应指标体系，对底层指标进行量化度量后，自底向上计算相应的集成效应。因此，需要建立下层指标参数对上层指标参数的权重向量。层次分析（Analytic Hierarchy Process，AHP）法是对一些较为复杂、模糊的问题做出决策的简易方法，它特别适合解决那些难以完全定量分析的问题，也适用于军事信息系统数据共享效应评价权重向量的计算。

权重向量的计算过程主要包括以下五个步骤。

（1）建立集成效应评价的层次结构模型。将有关因素按照属性自上而下地分解成若干层次：同一层的各因素均从属于上一层因素，同时支配下层因素或受到下层因素的影响。顶层为目标层（一般只有一个因素），底层为方案层或对象层/决策层，顶层和底层之间可以有 1 个或多个层次，通常为准则层或指标层。当准则层元素过多（如多于 9 个）时，应进一步分解出子准则层。

在集成效应的评价中，首先需要建立集成效应指标体系。数据共享主要从三个方面开展：数据共享集成、功能集成和流程集成，相关的指标参见 9.3 节。

（2）构造成对比较矩阵。从层次结构模型的第 2 层开始，对于从属于（或影响）上一层及上一层每个因素的同一层诸因素，采用成对比较法和 1~9 比较尺度构造成对比较矩阵，直到底层。

（3）计算每个成对比较矩阵的权向量，并做一致性检验。

对每个成对比较矩阵计算最大特征根 λ_{max} 及对应的特征向量（和法、根法、幂法等）。权向量 W 表示为

$$W = \begin{pmatrix} W_1 \\ W_2 \\ \vdots \\ W_n \end{pmatrix}$$

① 利用一致性（CI）、随机一致性（RI）和一致性比率（CR）三个指标做一致性检验，$CR = CI/RI$。

② 若通过检验（CR<0.1 或 CI<0.1），则将上层权向量 $W = \begin{pmatrix} W_1 \\ W_2 \\ \vdots \\ W_n \end{pmatrix}$ 归一化之后

作为 B_j 到 A_j 的权向量（单排序权向量）。

③ 若未通过检验，则需要重新构造成对比较矩阵。

（4）计算组合权向量并做组合一致性检验，即层次总排序。

① 利用单层权向量的权值 $W_j = \begin{pmatrix} W_1 \\ W_2 \\ \vdots \\ W_n \end{pmatrix}$（$j = 1, 2, \cdots, m$）构造组合权向量表（见

表 9.3），并计算出特征根、组合特征向量，进行一致性检验。

表9.3　组合权向量表

上层重量 / 单层权向量 / 下层层次	A_1	A_2	$\cdots$	A_m	计算组合权向量 $W = \begin{pmatrix} W_1 \\ W_2 \\ \vdots \\ W_n \end{pmatrix}$
	a_1	a_2	$\cdots$	a_m	其中 $W_i = \sum\limits_{j=1}^{m} a_j W_{ij}$
B_1	W_{11}	W_{12}	$\cdots$	W_{1m}	$W_1 = \sum\limits_{j=1}^{m} a_j b_{1j}$
B_2	W_{21}	W_{22}	$\cdots$	W_{2m}	$W_2 = \sum\limits_{j=1}^{m} a_j b_{2j}$
$\vdots$	$\vdots$	$\vdots$	$\vdots$	$\vdots$	$\vdots$
B_n	W_{n1}	W_{n2}	$\cdots$	W_{nm}	$W_n = \sum\limits_{j=1}^{m} a_j b_{nj}$
最大特征根 $\lambda_{\max}^{(i)}$	和法、根法、幂法				—
一致性（CI）检验	$CI_j = \dfrac{\lambda_{\max}^{(j)} - n}{n-1}$				判断是否 CI<0.1
随机一致性（RI）检验	RI_j对照表				判断是否 CR<0.1
一致性比率（CR）	$CR = \dfrac{CI}{RI} = \sum\limits_{j}^{m} a_j CI_j \Big/ \sum\limits_{j=1}^{m} a_j RI_{2j}$				

② 若通过一致性检验，则可按照组合权向量 $W = \begin{pmatrix} W_1 \\ W_2 \\ \vdots \\ W_n \end{pmatrix}$ 的表示结果进行决策。

在 $W = \begin{pmatrix} W_1 \\ W_2 \\ \vdots \\ W_n \end{pmatrix}$ 中，W_i 中最大者为最优，即 $W^* = \max\{ W : | W_i \in (W_1, W_2, \cdots, W_n)^{\mathrm{T}} \}$。

③ 若未能通过检验，则需要重新考虑模型或重新构造一致性比率。

（5）输出各层指标的权向量。

9.4.2　基于 Choquet 积分的系统数据共享效应聚合

从系统的顶层集成需求出发，通过对数据共享集成、功能集成和流程集成进行分析，映射到底层的集成性能参数指标，并建立系统数据共享集成效应指标体系。再通过 AHP 法对集成效应进行分析，获得下层指标对上层指标的权向量。基于这些信息，下一步需要做的工作就是，使用适当的集结算子，从底层的集成性能参数指标值出发，基于集成效应指标的模糊测度，自底向上进行聚合，得到集成方案满足顶层集成需求的程度，以便对不同的集成方案进行对比和择优。

通过数据共享集成效应指标分析可知，数据共享集成、功能集成和流程集成等在不同作战任务下具有很大的不确定性。集值随机变量既能描述事物发展的随机性质，又能描述事物发展状态的不确定性。Choquet 积分是基于模糊测度的一种非可加和非线性积分。因此，将数据共享集成效应指标用集值随机变量进行描述，并采用 Choquet 积分作为集结算子，对数据共享集成效应进行聚合，实现对数据共享集成效应的定量分析。基于 Choquet 积分的数据共享集成效应聚合评估模型如图 9.9 所示。

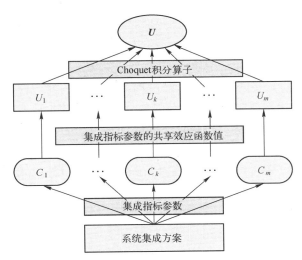

图 9.9　基于 Choquet 积分的数据共享集成效应聚合评估模型

基于 Choquet 积分的数据共享集成效应聚合评估具体步骤如下。

（1）使用基于 AHP 的方法建立数据共享集成效应分析层次模型，并使用基于

AHP 的模糊测度计算方法，求得表征集成指标相互关系的模糊测度 μ。

（2）确定每个集成效能指标确定感兴趣的区间，然后建立其共享效应函数 $U_i(C_i)$，该函数的取值区间为 $[0,1]$。

（3）使用 Choquet 积分作为集结算子，建立数据共享集成效应评估模型，具体表示为

$$U(C) = \sum_{i=1}^{n} (U_i(C_i) - U_i(C_{i-1}))\mu(C_i)$$

（4）将相关数据代入上述基于 Choquet 积分的数据共享集成效应评估模型，计算不同共享方案的效应值。

（5）根据不同共享方案的集成效应值，对多个共享方案进行评估、比较和择优。

9.5 本章小结

军事信息系统数据共享的优劣直接影响系统的使用效果和作战效能。在将各个平台、子系统集成为系统的过程中，首先需要在不同的平台、子系统之间实现信息交互与共享，数据共享集成效应分析能够有效评价和检验集成的效果。本章分析了系统的数据共享集成效应指标，提出了军事信息系统数据共享集成效应主要体现在信息获取能力、信息传输能力、信息共享能力、信息处理能力等方面，并建立了这些指标的计算方法；面向服务化军事信息系统"即插即用"的信息处理功能集成，从功能重组的灵活度、功能结构的合理性、功能的柔性、功能实体之间的互操作性等方面进行了功能集成效应评估；面向军事信息系统信息处理流程，从流程反应时间、平台/子系统的实时调度能力、流程重构时间、系统协同性、业务过程冗余度和过程资源冲突率等方面，对流程集成效应进行了评估。在数据共享集成效应评估过程中，需要将底层指标聚合到上层指标中。为此，本章提出了基于 Choquet 积分的数据共享效应聚合方法，为军事信息系统数据共享效应评价的实施提供技术支持。

第 10 章

基于区块链的重要信息共享管理

军事信息系统要保障相关数据的安全性，同时对于部分安全保密要求极为苛刻的信息，必须采取特殊的存储、传输和处理方式，保证这部分信息绝对不会被破坏、篡改和窃取，并且能够快速、完全可追溯地发送给需求者，以确保其被及时高效地使用，提高作战任务效能。在军事信息系统中，这部分信息称为重要信息。为了实现重要信息的高效共享，将具有去中心化、防篡改性强和信息可追溯等特征的区块链技术与可屏蔽底层软硬件差异、可实现异构数据按需共享的发布/订阅机制相结合，建立基于区块链的重要信息共享机制。本章首先介绍区块链技术和发布/订阅机制的特点；然后分析并建立一种基于区块链和发布/订阅机制的重要信息共享架构与共享模型；然后根据重要信息需要分布式存储和实时共享的特点，建立重要信息内容数据链下存储和重要信息管理信息链上存储的两层存储架构，并建立重要信息共享流程，为重要信息安全、可靠、快速地实现共享提供技术支持。

10.1 区块链

区块链最早以比特币系统的形式进入公众视野。"比特币"这一概念是中本聪在 2008 年发表的经典论文《比特币：一种点对点网络中的电子现金》中提出的，区块链是比特币的底层技术，它一开始是一种去中心化、无须信任、防篡改性强的分布式记账本技术，之后被应用到知识产权、互联网金融、医疗、保险、物联网等领域，并且都取得了颠覆性的发展成果。区块链中可以有任意多个节点，每个节点都需要遵循相同的共识机制，以一定的时间间隔不断生成新的区块，这段时间内区块链中的交易记录都会被存储到该区块中。区块链通过哈希算法将包含交易信息和时间戳等数据的区块链接起来。区块链的运作流程如图 10.1 所示。

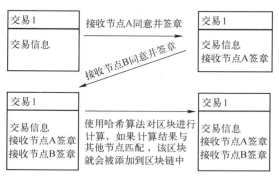

图 10.1　区块链的运作流程

区块链网络系统中的每台计算机都是记账节点，负责在区块中记录交易数据。节点需要通过共识算法参与算力竞争，只有胜出的节点才可以记账。系统为了鼓励所有节点参与算力竞争，会依照规则对获胜的节点给予奖励。在图 10.1 中，假设全网中只有一个发送节点及 A、B 两个接收节点。发生交易时，发送节点首先会在全网范围内对新交易记录进行广播，然后接收节点 A 对接收的信息进行检验，检验通过后，同意将该信息纳入区块链并签章。接下来，接收节点 B 对交易信息进行检验，经接收节点 B 同意并签章后，交易记录会被纳入一个区块中。最后，系统会使用哈希算法对该区块进行计算，区块通过后会被正式纳入区块链中存储，既表示全网节点都接受了该区块，也表示在原来区块链的基础上生成了新的区块。当全网有若干节点时，运作流程也是如此。

在区块链中，每个区块会被时间戳按照时间顺序连接起来，形成一个区块的链条，这意味着任何新数据记录都会基于过去的数据记录产生。各个数据记录环环相扣，因此区块链中的数据记录具有唯一性和连续性，可以被准确地定位、验证和追溯。区块链通过密码学中的相关科学原理对数据记录进行保密和解读，若想对数据记录进行篡改和伪造，必须对过去所有的数据记录进行修改。但是，随着时间的不断流逝，数据链条会越来越长，篡改和伪造一个数据链条的难度和成本将呈指数级上升，可能性几乎为零。除此之外，区块链技术具有去中心化的特性，因此它的各个客户端也是服务器。它的每个客户端都可以保存区块链网络中的全部数据，不会因为单个客户端发生故障而崩溃，也不会因为受到攻击而瘫痪。

比特币以区块链为底层技术支撑，自诞生以来，在没有任何第三方担保的情况下，没有发生过严重的欺诈行为，原因主要在于欺诈的成本远远大于预期的收益，理性的参与者没有欺诈的动力和能力。

10.2　基于区块链的重要信息共享管理策略

10.2.1　重要信息共享管理风险

军事信息安全是指军事信息系统的硬件、软件及系统中的数据受到保护，不会因偶然因素或恶意破坏等而导致信息破坏、泄露或无法访问，以确保信息内容的完整性、可用性和可验证。重要信息共享管理风险有以下几个。

1. 信息物理损坏风险

军事信息系统的硬件系统和数据中心的网络或硬件遭受物理损坏或恶意攻击后，容易全线崩溃，所有重要信息都将面临损坏或丢失的风险。

2. 信息失真风险

信息失真是指重要信息的内容、结构、背景、使用记录等被篡改失真。重要信息的内容更容易被人为修改且不留痕迹。信息失真主要有两方面的原因：一方面，从重要信息具有内容与载体可分离性的特点来看，在管理和使用重要信息的过程中，管理者和使用者可借助各种设备对信息内容进行阅读与修改，且不会留下痕迹；另一方面，从重要信息管理系统来看，系统的运行依赖各种管理人员的操作，重要信息一旦被人为篡改，则错误的信息内容就会流转到整个系统中，对重要信息的真实性造成损害。

3. 信息泄密风险

重要信息中包含大量保密内容，具有严格的知悉控制范围。其泄密风险主要来自两个方面：一方面，网络威胁和攻击容易造成重要信息内容的泄露；另一方面，重要信息加密技术引发了信息内容泄露的风险，密码技术虽然得到了飞速发展，但是面对人为破解，仍存在重要信息泄密的风险。

10.2.2　区块链重要信息管理优势

相对于传统技术，将区块链应用于军事信息安全管理具有独特的优势：应用区块链真实可信、防篡改、可追溯等技术特性，进行基于区块链的重要信息共享管理，提升重要信息的真实性、完整性、唯一性和可溯性。基于区块链的重要信息管理优势有以下几项。

1. 区块链的去中心化存储，确保信息内容的物理安全性

区块链具有去中心化的特点，它区别于传统安全数据中对中心的依赖，能够实现点对点的信息传输和实时的信息记录，效率更高、速度更快。同时，传统硬件系统和数据中心的网络或硬件遭受物理损坏或恶意攻击后，容易全线崩溃，所有重要信息都面临损坏或丢失的风险。这种系统性瘫痪所带来的损失是不可估量的。而借助区块链的去中心化和分布式安全管理功能，可以增强系统对物理损坏和恶意攻击的抗击能力，保障军事信息的安全。

2. 区块链既能实现重要信息的共享，又能实现重要信息的保密

区块链最初应用于数字加密货币领域，其核心技术之一是公开透明的交易，并确保交易内容的安全保密。一般情况下，在区块链内产生、流转和存储的信息可以向所需用户开放，区块内的所有人都能够查看重要信息的管理内容，同时区块链通过非对称加密技术实现重要信息实质内容的保密。

3. 对重要信息的使用具有很强的追溯性

区块链中的数据有一定的顺序性，每个数据区块都有一个哈希值代码，在链状数据结构中，任意区块中的数据访问和修改都会影响后续与之相关的所有区块的信息变化。这一技术可确保区块链中每个区块的数据都不能随意被访问、篡改、删除或破坏。因此，区块链技术在保证重要信息的完整性、真实性的基础上，还具有很强的追溯性。

10.2.3　重要信息共享策略

利用区块链使管理对象具备去中心化、可追溯性、不可篡改性、不可伪造性等特点，使用哈希算法、非对称加密技术和可信时间戳等策略，确保军事信息高度安全保密。

1. 利用哈希算法保证重要信息的真实性

哈希算法将任意长度的输入经过变换得到固定长度的输出，具有定长性、单

向性和随机性。哈希算法使区块链中的任何信息都不能被未经授权的用户以不可察觉的方式进行伪造、修改、删除等非法操作。相比传统数据库，区块链使攻击者恶意篡改、伪造和否认数据操作变得几乎不可能，从而有效提升军事信息的安全性。此外，哈希算法使区块链具有去中心化的特征，能够防止军事信息在存储过程中被篡改。基于区块链的军事信息本质上是一种分布式数据库，不存在中心化的处理节点、服务器和数据库，即一份军事信息文件可以有多个存储备份，当一个节点出现故障时，其他节点仍然能继续正常运转。

2. 利用非对称加密技术保护军事信息的安全性

区块链的重要目标是保护军事信息安全和实现保密，要求不同用户对不同的数据具有不同的访问控制权限，数据不被未授权用户访问和使用，从而实现安全保密。区块链在安全保密方面设置了相应的认证规则、访问控制和审计机制，并通过非对称加密技术实现军事信息安全保密。非对称加密技术是指在加密过程中使用两个密钥，公钥用来加密，私钥用来解密。信息接收方首先生成一对密钥，并将公钥发送给信息发送方，信息发送方通过公钥对信息进行加密并发送，接收方使用预先生成的私钥进行数据解密，从而避免密钥在传输过程中的安全问题。非对称加密技术的破解条件极为严苛，加大了非法入侵者攫取重要军事信息的难度。基于区块链的重要信息利用非对称加密技术，数据档案通过哈希算法运算后被存储在区块链中，使用多重签名对重要信息进行加密验证，然后进行单私钥和多私钥及复杂时间和空间限制设置，增强了重要信息的安全性。

3. 利用可信时间戳保证重要信息的安全有效性

可信时间戳用于证明重要信息在某个时间点是存在的、完整的、可验证的，是一种具备法律效力的凭证。可信时间戳可以维护重要信息的安全性和有效性，主要表现在以下两个方面。第一，在重要信息管理过程中，区块链中的可信时间戳由共识节点共同验证和记录，不可伪造和篡改。区块链数据库能够安全存储和管理重要信息，并在任何时间点保证重要信息的可靠性，重要信息被录入区块链数据库并被确认后，就不会被人为干预，保证了重要信息的可靠性。第二，可信时间戳可以保障重要信息在生成、收集、归档、移交、存储备份、数据迁移、提供利用、长期保存过程中的内容完整性，同时对重要信息进行的每次操作都会有一个相应的时间凭证被记录在区块链系统中，从而保证重要信息的有效性。

4. 利用发布/订阅机制实现重要信息按需共享

发布/订阅机制是一种灵活的、高度动态的、松散耦合的信息共享机制，它允许信息使用者定义一个订阅条件。发布/订阅机制可以保证将发布者发布的信息及时、可靠地传送给所有感兴趣的订阅者。用户可以利用发布/订阅机制的这种特点，将军事信息系统中的重要信息及时准确地送达信息需求者，从而实现重要信息的按需共享。

10.3　基于区块链和发布/订阅机制的重要信息共享架构

基于区块链和发布/订阅机制的重要信息共享是指将各探测系统、指挥控制系统、火控系统和武器系统等的重要信息实现共享，并进行安全管控，因此要求建立较为完善的共享架构，如图 10.2 所示。

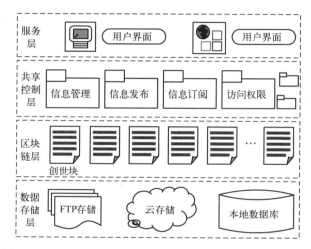

图 10.2　基于区块链和发布/订阅机制的重要信息共享架构

数据存储层利用 FTP 存储、云存储和本地数据等实现各类异构信息的存储，并且负责对分布式重要信息进行有效连接。区块链层采用区块链技术和智能合约实现权限管理与安全管理。共享控制层通过发布/订阅机制实现对重要信息的有效访问和高效分发。

基于区块链和发布/订阅机制的重要信息共享模型由信息需求者、发布/订阅共享平台、信息拥有者、信息数据源四部分组成，如图 10.3 所示。信息需求者是指对系统中的信息数据有需求的各个子系统和设备。信息拥有者是指拥有重要信息所有管理权限的子系统和设备。信息数据源是指用来存储重要信息的计算机、中心服务器或云服务器及管理系统等，能够提供远程访问功能。

在重要信息共享模型中，信息拥有者通过去中心化的共享平台发布重要信息。

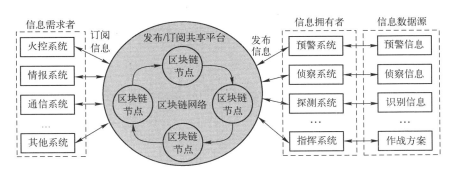

图 10.3　重要信息共享模型

信息需求者和信息拥有者均可检索、查看重要信息的质量评价，订阅所需的重要信息等。最终双方在该平台上进行信息权限可信、透明的交互。

　　重要信息共享首先需要将重要信息进行分布式存储。共享的信息可分为两大类：重要信息管理信息和重要信息内容数据。重要信息管理信息包括信息类型、信息描述、访问权限和访问过程记录等，这部分信息的数据量比较少，需要进行实时管理。重要信息内容数据分布在信息拥有者所在的节点，以各种不同的形式（如文件系统、数据库系统等）进行分布式存储，是重要信息的核心部分。区块链上所有数据均由每个节点备份，链上过多的数据量会降低共识效率，额外增加各节点的存储与计算成本。因此，在基于区块链和发布/订阅机制的重要信息共享中，将这两类重要信息分开存储。重要信息管理信息需要随时提供给信息拥有者和信息需求者，因此采用链上存储；重要信息内容数据只有在需要使用时才提供给信息需求者，因此采用链下存储。重要信息的存储方式与存储内容如表 10.1 所示。

表 10.1　重要信息的存储方式与存储内容

存 储 方 式	存 储 内 容
重要信息数据源	不同子系统和设备的重要信息数据
区块链网络	重要信息的数据概要、数据类型、数据归属关系、数据权限交互信息流、信息质量评估统计信息、分布式文件访问方式等
分布式文件系统	用户信息、重要信息共享协议、信息数据评价、加密后的重要信息数据源访问方式等

　　在重要信息存储模型中，各类重要信息由各信息拥有者负责管理与维护，只需要将详细描述和共享协议以文件的形式放入分布式文件系统，并在区块链上发布重要信息概要，绑定重要信息所有权。其余用户需要获取重要信息内容数据时，从链上根据信息类型或关键字检索重要信息，通过分布式文件系统定位重要信息

数据描述，在链上通过发布/订阅平台实现重要信息的内容数据交互。

重要信息管理信息面向所有信息需求者（各种子系统）。基于区块链网络的分布式重要信息存储模型如图 10.4 所示。

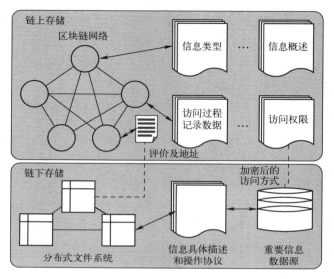

图 10.4　分布式重要信息存储模型

重要信息存储模型将重要信息数据源和重要信息管理数据分开存储，即不再将它们存储在第三方管理机构，而是由各个子系统、设备与武器进行分布式存储，管控重要信息数据。在重要信息存储模型中，为了实现链上存储和链下存储的一致，引入分布式文件系统记录重要信息区块链描述和通过权限验证后的数据访问方式。重要信息管理信息连接模型如图 10.5 所示。

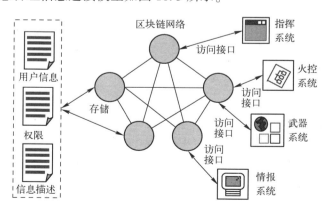

图 10.5　重要信息管理信息连接模型

重要信息管理信息需要进行链上存储，由区块链网络提供相应的访问接口。重要信息拥有者提供的重要信息概要、类型、归属关系、权限交互信息流、信息质量评估统计信息、分布式文件访问方式等，以及重要信息需求者的身份、所需信息的名称和访问动作等，都实现了链上存储。

10.4　基于发布/订阅机制的重要信息共享

利用发布/订阅机制的完全解耦、异步、支持多对多、跨平台数据服务定制能力强等特点，在区块链上实现重要信息共享。将基于区块链的重要信息共享的角色划分为三类，具体说明如表 10.2 所示。

表 10.2　角色划分

角　色	说　明
重要信息数据源	指具备管理和存储重要信息数据集，并可提供访问下载渠道的文件系统、数据库系统
重要信息拥有者	指具备重要信息数据所有权的子系统、设备或武器，作为重要信息的发布者，在区块链上发布所能提供的重要信息数据集及其描述
重要信息请求者	指需要访问获取重要信息数据的子系统、设备和人员，其作为重要信息的订阅者，对某类信息感兴趣，发起信息请求

在基于发布/订阅机制的重要信息共享中，重要信息拥有者在区块链网络上发布所能提供的重要信息数据集及其描述，重要信息请求者对感兴趣的信息发起订阅请求，双方通过访问权限合约确定能否实现重要信息的访问与操作。重要信息共享机制的功能如表 10.3 所示。

表 10.3　重要信息共享机制的功能

技　术	说　明
区块链网络	提供所有完整、可追溯的记录信息
访问权限合约	提供可编程的业务逻辑实现，以实现状态更新
发布/订阅模式	定义多对多的消息获取依赖关系，当主题对象发生变化时通知所有订阅者，解耦订阅依赖关系

基于上述模式，基于区块链的重要信息共享过程如图 10.6 所示。

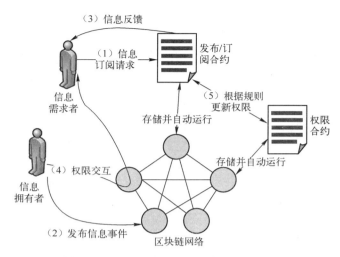

图 10.6　基于区块链的重要信息共享过程

（1）信息订阅请求：信息需求者创建订阅请求，告知发布/订阅平台所需重要信息的关键描述、类型和内容等。平台检索所有已有的重要信息数据，匹配符合标准的数据，将其加入满足条件的重要信息集，并把该订阅需求加入监听事件列表。

（2）发布信息事件：当新的重要信息产生时，发布者将重要信息数据的关键信息（如信息名称、类型和内容概述等）推送至发布/订阅平台，同时过滤信息内容，筛选出符合订阅请求的重要信息集。

（3）信息反馈：区块链及其发布/订阅合约反馈符合要求的重要信息，当有新的且符合要求的重要信息时，及时给出反馈。

（4）权限交互：发布/订阅平台向重要信息拥有者和数据源提出信息获取申请，并根据权限规则进行授权交互。

（5）根据规则更新权限：发布/订阅平台根据发布者描述和授权的信息，以及订阅者的重要信息需求，更新权限合约。

在区块链上通过发布/订阅平台实现重要信息共享时，各类重要信息数据源由各重要信息拥有者进行管理和维护。重要信息拥有者只需要将详细描述和共享协议以文件的形式放入分布式文件系统，并在区块链上发布重要信息概要，绑定重要信息数据所有权。信息需求者需要相关重要信息时，从链上根据重要信息类型或概要关键字检索相应的信息，通过分布式文件系统查询、定位重要信息描述，实现重要信息数据的交互。具体流程如图 10.7 所示。

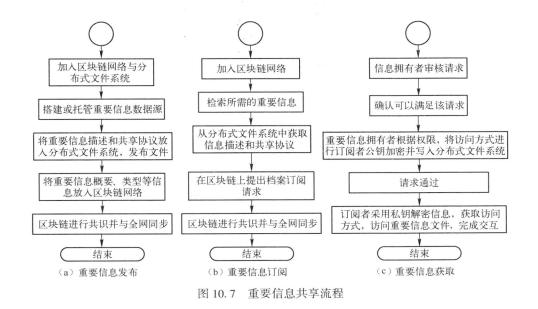

图 10.7　重要信息共享流程

10.5　本章小结

军事信息系统中存在部分安全保密要求极为苛刻的重要信息，必须采取特殊的存储、传输和处理方式，保证这部分信息绝对不会被破坏、篡改和窃取，并且能够快速、完全可追溯地发送给需求者。为支持军事信息系统重要信息共享，一方面需要为重要信息资源提供完整的共享控制机制，另一方面需要确保重要信息在共享过程中的安全性、真实性和唯一性，防止对重要信息进行伪造和篡改。本章首先将具有去中心化、防篡改性强和信息可追溯等特征的区块链技术与可屏蔽底层软硬件差异、可实现异构数据按需共享的发布/订阅机制相结合，建立了基于区块链和发布/订阅机制的重要信息共享架构与共享模型；然后根据重要信息需要分布式存储和实时共享的特点，建立了重要信息内容数据链下存储和重要信息管理信息链上存储的两层存储架构，并建立了重要信息共享流程，为重要信息安全、可靠、快速地实现共享提供了技术支持。

参考文献

[1] 张传富，于江. 军事信息系统 [M]. 北京：电子工业出版社，2017.

[2] 金丽亚，王维锋，杨朝红. 军事信息系统分析与设计 [M]. 北京：电子工业出版社，2019.

[3] 唐朝京，刘培国，陈荦，等. 军事信息技术基础 [M]. 北京：科学出版社，2013.

[4] 陈昌林，石从珍. 美陆军信息技术管理：军事信息基础设施体系结构 [J]. 外军电信动态，2001（5）：42-46.

[5] 张春磊. 信息系统——构建体系作战能力的基石 [M]. 北京：国防工业出版社，2011.

[6] 王众托. 系统工程引论 [M].（4版）. 北京：电子工业出版社，2012.

[7] 王寿云，于景元，戴汝为，等. 开放的复杂巨系统 [M]. 杭州：浙江科学技术出版社，1996.

[8] 苗东升. 系统科学精要 [M].（4版）. 北京：中国人民大学出版社，2016.

[9] 中国科学技术学会，中国系统工程学会. 2014—2015 系统科学与系统工程学科发展报告 [R]. 北京：中国科学技术出版社，2016.

[10] 贝塔朗菲. 一般系统论——基础、发展和应用 [M]. 北京：清华大学出版社，1987.

[11] 霍兰. 隐秩序——适应性造就复杂性 [M]. 周晓牧，韩晖，译. 上海：上海科技教育出版社，2019.

[12] 郭雷. 系统学是什么 [J]. 系统科学与数学，2016，36（3）：291-301.

[13] 狄增如. 探索复杂性是发展系统学的重要途径 [J]. 系统工程理论与实践，2011（S1）：37-42.

[14] 霍兰. 涌现——从混沌到有序 [M]. 陈禹，方美琪，译. 杭州：浙江教育出版社，2023.

[15] 赵岩，薛惠锋. 林区经济环境系统协调性综合评价 [J]. 计算机仿真，2011，28（5）：

363-366.

［16］马建刚，黄涛，汪锦岭，等．面向大规模分布式计算发布订阅系统核心技术［J］．软件学报，2006，17（1）：134-145.

［17］GORAPPA S, COLMENARES J A, JAFARPOUR H, et al. Tool-based configuration of real-time CORBA middleware for embedded systems ［C］//Eighth IEEE International Symposium on Object-Oriented Real-Time Distributed Computing. Seattle：IEEE, 2005：342-349.

［18］GOKHALE A, SCHMIDT D C. Techniques for optimizing CORBA middleware for distributed embedded systems ［C］//Eighteenth Annual Joint Conference of the IEEE Computer and Communications Societies. New York：IEEE, 1999：513-521.

［19］韩江洪，郑淑丽，魏振春，等．面向 XML 的 Web 数据模型研究［J］．小型微型计算机系统，2005，26（4）：609-613.

［20］IBM. Internet application development with MQSeries and Java ［M］. Palos Verdes：Vervante Corporate Publishing, 1997.

［21］柴晓路．Web 服务架构与开放互操作技术［M］．北京：清华大学出版社，2002.

［22］姚世军．基于 Agent 的面向服务选择的 Web Service 架构研究［J］．计算机技术与发展，2006，16（9）：59-61.

［23］FOSTER I, KESSELMAN C. The Grid：blueprint for a new computing infrastructure ［M］. San Fransisco：Morgan Kaufmann Publisher, 1999.

［24］李德毅，林润华，李兵，等．云计算技术发展报告（2012）［M］．北京：科学出版社，2012.

［25］华铨平，张玉宝．XML 语言及应用［M］．北京：清华大学出版社，2005.

［26］李冠宇，刘军，张俊．分布式异构数据集成系统的研究与实现［J］．计算机应用研究，2004，21（3）：96-98.

［27］MCHUGH J, ABITEBOUL S, COLDMAN R, et al. Lore：a database management system for semistructured data ［J］. ACM SIGMOD, 1997, 26（3）：54-66.

［28］WANG N, XU H B, WANG N B. A data model and algebra for object integration based on a rooted connected directed graph ［J］. Journal of Software, 1998, 9（12）：894-898.

［29］WANG N, XU H B, WANG N B. Capabilities-based query decomposition and optimization in heterogeneous data integration system ［J］. Chinese Journal of Computers, 1999, 22（1）：31-38.

［30］BALDONI R, CONTENTI M, VIRGILLITO A. The evolution of publish/subscribe communication systems ［M］. Heidelberg：Springer, 2003：137-141.

［31］Object Management Group. Data distribution service for real-time systems, version 2.1 ［S］. Milford：OMG, 2007.

［32］Object Management Group. Data distribution service（DDS）, version 1.4 ［S］. Milford：OMG, 2015.

［33］陈春甫．基于 DDS 的数据分发系统的设计与实现［D］．上海：复旦大学，2008.

［34］ PEREIRA J, FABRET F, LLIRBAT F, et al. WebFilter：a high throughput XML-based publish and subscribe system ［C］//27th International Conference on Very Large Data Bases. San Francisco：Morgan Kaufmann Publishers, 2001：723-724.

［35］ 徐罡, 黄涛, 刘绍华, 等. 分布应用集成核心技术研究综述 ［J］. 计算机学报, 2005, 28（4）：434-443.

［36］ 罗英伟, 刘昕鹏, 彭豪博, 等. 面向事件处置的信息服务集成调度模型 ［J］. 软件学报, 2006, 17（12）：2554-2564.

［37］ WANG J L, JIN B H, LI J, et al. Data model and matching algorithm in an ontology-based publish/subscribe system ［J］. Journal of Software, 2005, 16（9）：1625-1635.

［38］ 郦仕云, 宁汝新, 徐劲祥, 等. 气动和结构多学科优化设计过程集成技术研究 ［J］. 系统仿真学报, 2007, 19（4）：852-855.

［39］ 刘士军, 孟祥旭, 向辉. 基于 XML 的文物数字博物馆数据集成研究 ［J］. 系统仿真学报, 2002, 14（12）：1624-1627.

［40］ 邓睿, 王维平, 朱一凡. 一体化信息驱动仿真方法研究 ［J］. 系统仿真学报, 2007, 19（15）：3376-3379.

［41］ 张新宇, 韩超, 邱晓刚, 等. 从 HLA 对象到关系数据——HLA 仿真中的通用数据库交互 ［J］. 系统仿真学报, 2007, 19（12）：2740-2745.

［42］ 岳昆, 王晓玲, 周傲英. Web 服务核心支撑技术：研究综述 ［J］. 软件学报, 2004, 15（3）：428-442.

［43］ ERL T. Soa：principles of service design ［M］. Upper Saddle River：Prentice Hall, 2007.

［44］ PASLEY J. How BPEL and SOA are changing Web services development ［J］. IEEE Internet Computing, 2005, 9（3）：60-67.

［45］ 邢少敏, 周伯生. SOA 研究进展 ［J］. 计算机科学, 2008, 35（9）：13-20.

［46］ 王刚. 支持 BPEL 引擎的业务运行协同平台的设计与实现 ［D］. 北京：北京邮电大学, 2014.

［47］ XIAO D L. A review of SOA ［J］. Computer applications and software, 2007, 24（10）：122-124.

［48］ ALONSO G, CASATI F, KUNO H, et al. Web services ［M］. Heidelberg：Springer, 2004.

［49］ 李林锋. 分布式服务框架原理与实践 ［M］. 北京：电子工业出版社, 2016.

［50］ 杨克巍, 杨志伟, 谭跃进, 等. 面向体系贡献率的装备体系评估方法研究综述 ［J］. 系统工程与电子技术, 2019, 41（2）：311-321.

［51］ 罗承昆, 陈云翔, 项华春, 等. 装备体系贡献率评估方法研究综述 ［J］. 系统工程与电子技术, 2019, 41（8）：1789-1794.

［52］ 李小波, 王维平, 王涛, 等. 装备体系贡献率评估：理论、方法与应用 ［M］. 北京：电子工业出版社, 2023.

［53］ 熊伟, 杨凡德, 简平, 等. 电子信息装备体系论证理论、方法与应用 ［M］. 北京：电子工业出版社, 2023.

[54] 胡晓峰，张昱，李仁见，等. 网络化体系能力评估问题 [J]. 系统工程理论与实践，2015，35（5）：1317-1323.

[55] 钱晓超，唐伟，陈伟，等. 面向关键能力的陆军全域作战体系装备贡献率评估 [J]. 系统仿真学报，2018，30（12）：4786-4793.

[56] 胡剑文. 武器装备体系能力指标的探索性分析与设计 [M]. 北京：国防工业出版社，2009.

[57] MANTHORPE W H. The emerging joint system-of-systems：a systems engineering challenge and opportunity for APL [J]. John Hopkins APL Technical Digest，1996，17（3）：305-310.

[58] SAGE A P，CUPPAN C D. On the systems engineering and management of systems-of-systems and federations of systems [J]. Information，Knowledge，Systems Management，2001，2（4）：325-345.

[59] MAIER M W. Architecting principles for systems-of-systems [J]. System Engineering，1998，1（4）：267-284.

[60] KEATING C. Systems of systems engineering [J]. Engineering Management Journal，2003，15（2）：32-41.

[61] PELZ E. Full axiomatisation of timed processes of interval-timed petri nets [J]. Fundamenta Informaticae，2018，157（4）：427-442.

[62] POZNANOVIĆ S，STASIKELIS K. Properties of the promotion Markov chain on linear extensions [J]. Journal of Algebraic Combinatorics，2017（4）：1-24.

[63] 袁勇，王飞跃. 区块链技术发展现状与展望 [J]. 自动化学报，2016，42（4）：481-494.

[64] 张健. 区块链技术的核心、发展与未来 [J]. 清华金融评论，2016（5）：33-35.

[65] 苏雄业. 基于区块链的大数据共享模型与关键机制研究与实现 [D]. 北京：北京工业大学，2018.

[66] 邹振宁，荣希君. 作战指挥理论创新研究 [M]. 南京：蓝天出版社，2010.

[67] 总参军训部. 指挥信息系统使用 [M]. 北京：国防工业出版社，2012.

[68] 程启月. 作战指挥决策运筹分析 [M]. 北京：军事科学出版社，2006.

[69] 王启明，赵中华. 战术级作战指挥辅助决策系统建设的几点思考 [J]. 军队指挥自动化，2013（2）：30-31.

[70] 韦海亮，周浩杰，马文涛. 基于云计算的新一代数据中心 [J]. 高性能计算技术，2011（2）：18.

[71] 王珩，王海宁，刘畅. 大数据技术在指挥信息系统中的应用 [J]. 指挥信息系统与技术，2015（4）：8.

[72] 刘建国，祁向宇. 联合作战指挥信息分类初探 [J]. 军事通信学术，2009（1）：84-87.

[73] 卜广志. 武器装备体系中的信息流分析与评估研究 [J]. 系统工程与电子技术，2007，8（29）：1310-1313.

[74] 王景全，吴庆龙，陈代斌. 一体化指挥中信息共享探析 [J]. 指挥学报，2006，3（3）：27-28.

［75］ 温鸿鹏．指挥信息保障模式初探［J］．通信指挥，2010（3）：39-40.

［76］ 赵小松．指挥信息优势评估指标体系的构建［J］．国防大学学报，2004（10）：78-80.

［77］ 李章瑞，丁国莹，姚建军．信息化条件下指挥信息流程的运行机制［J］．信息对抗学术，2008（2）：4-6.

［78］ 张国安．优化指挥信息流程研究［J］．军事学术，2013（11）：39-40.

［79］ 董志华，朱元昌，邸彦强，等．基于可扩展层级架构的异构系统信息交换［J］．系统工程与电子技术，2015，7（37）：1683-1686.

［80］ 王俊彪，张世超，蒋建军，等．面向信息集成的局部本体注册框架设计［J］．机械科学与技术，2010，29（11）：1537-1542.

［81］ 万年红．面向服务的自适应云资源信息集成软件架构［J］．计算机应用，2012，32（1）：170-174.

［82］ 曹雁锋，万建成，卢雷．基于二元运算关系的汉语计算语法模型［J］．山东大学学报：工学版，2005，35（1）：88-93.

［83］ 施荣荣，汪敏，陈荣，等．异构体制与高重配置下的系统信息集成方法［J］．指挥信息系统与技术，2013，8（4）：1-3.

［84］ 瞿涛．基于适配器的异构系统集成技术研究与设计［D］．西安：西北工业大学，2007.